トランジスタ技術
SPECIAL

No.157

JN107155

回路性能を引き出すプロの実例あれこれ

プリント基板設計
実用テクニック集

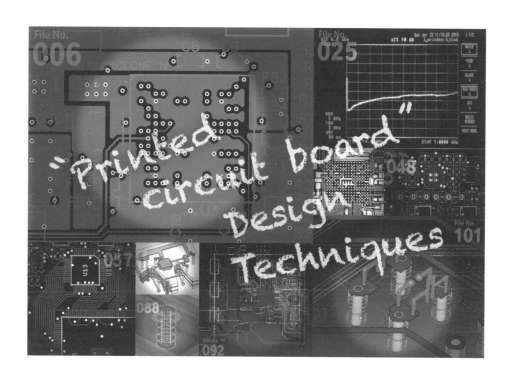

CQ出版社

回路性能を引き出すプロの実例あれこれ

プリント基板設計
実用テクニック集

トランジスタ技術 SPECIAL 編集部 編

CONTENTS

表紙/扉デザイン：ナカヤ デザインスタジオ（柴田 幸男）
本文イラスト：神崎 真理子

▶本書は「トランジスタ技術」誌に掲載された記事を元に再編集したものです.

プリント基板も回路の一部と考えて設計すべし

西村 芳一 Yoshikazu Nishimura

背景…誰もがプリント基板設計を求められる時代

「プリント基板を使わないで電子機器をつくりなさい」と言われたら，誰もその方法を想像できないでしょう．つまり，昔の真空管の時代のように，1点1点部品をはんだ付けしていた時代には戻れません（**写真1**）．そもそも部品は面実装になり，部品からリード線すらなくなって，まともにはんだ付けもできない状況になっています．

このように電子機器のなかで，プリント基板はとても重要な部品です．しかし，その設計はプリント基板設計専門の技術者に任されて（**図1**），回路設計者がそのノウハウを蓄積することが難しくなっているようです．そのため，多くの技術者が，商品開発でプリント・パターンに関わるトラブルで悩まされるのが現状です．

また，プリント基板を製作して電子工作を楽しんでいる人も多いでしょう．なかには「回路図どおりに作ったはずなのに，期待どおりに動いてくれない，性能が出ない」と悩んでいる人もいると思います．

そこで本書では，回路の性能を引き出すために，基本的な考え方やポイントを押さえ，プリント基板設計の実用的なテクニックを解説します．

なぜプリント基板を「きちんと」設計しないといけないのか

● CAD化で結線ミスはなくなったけれど…

最近のプリント基板設計は，回路図CADから出力された，部品がどのようにつながっているかを示すネット・リストをもとに，プリント基板設計CADで行

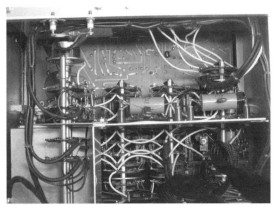

写真1　昔は1つ1つの部品をはんだ付けしていた

図1　本来，回路設計者ももっているべきプリント・パターン設計のノウハウは基板設計者に蓄積されることが多い

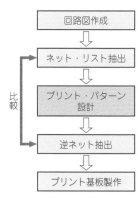

図2　回路図からプリント基板ができるまでのおおまかな流れ

回路図作成 → ネット・リスト抽出 → プリント・パターン設計 → 逆ネット抽出 → プリント基板製作

比較

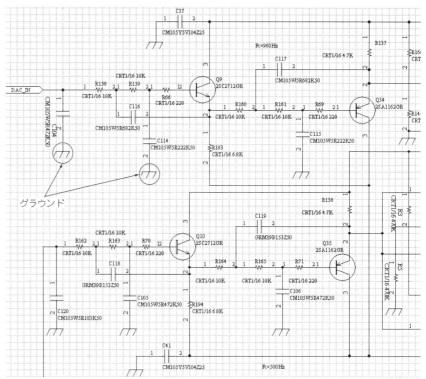

図3　回路図の至るところに描かれている「グラウンド」は無限の大地につながっているわけじゃない

いparams(**図2**)．したがって，誰が設計しても，回路図どおり結線ができるはずです．

● 実際にプリント基板上で起きていること

　それではなぜ，設計したプリント基板に回路図どおりの部品を実装しても，問題が発生するのでしょうか．
　一番わかりやすい例がグラウンドです．**図3**のように回路図では，まるで無限の大地につながっているように描かれ，また設計者自身もその特性を期待しています．ところが実際のプリント基板になると，有限のインピーダンスの銅を使い，ある誘電率をもつ基板の上で接続しなければなりません．**図4**のようにそれぞ

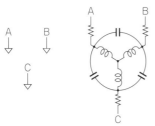

　（a）回路図では　（b）プリント基板上では

図4　回路図上では同電位であるように描かれていても，プリント基板上では決して同電位になっていない

れ回路図のグラウンド・シンボルどうしは，さまざまなインピーダンスでつながれ，絶対に同電位になりません．また，互いの電流は，プリント・パターンの形状による誘導電流の相互干渉があります．
　電流は正直に，法則にしたがって電位の高いところから低いところへ流れます．グラウンド間にも回路図では表現できない，予想もできないような電流が流れます．つまり，それぞれのグラウンドは，ものすごいインピーダンスと電磁界ネットワークでつながれ，これを数値解析することは現実的ではありません．

プリント基板も回路の一部と考えて設計すべし

　プリント基板における配線は，電気的に0Ωでかつ，互いに相互干渉を起こさないように接続された理想的な状態は作れません．そのため，予想もしなかったような現象で，問題が起こるのです．したがって回路設計者は，プリント基板も回路の一部と考えることが重要です．回路図では，すべての設計情報をほかの人に伝えられないのですから，少なくとも基板設計をほかの人に任せっきりにすることはできません．
　　　　＊　　　＊　　　＊
　ここで紹介したものはプリント基板設計の心得の一例です．次章よりプリント基板設計の基本的な技から解説していきます．

第1部

回路に悪影響…
「寄生成分」と対処法

第1章

プリント基板に潜む「寄生抵抗」

石井　聡　Satoru Ishii

ここでやること…実際のプリント基板に生じる寄生成分をつかむ

● プリント基板では「物理則」がそのまま生じている

　回路設計後，基板を製作すると，プリント・パターンには付随的な3つの要素が生じます．

(1) 抵抗成分（抵抗性を示す）

(2) 容量成分（容量性を示す）

(3) インダクタンス成分（誘導性を示す）

　これらは回路設計者からすれば，想定外の要素，「寄生成分」です．最近のプリント基板設計では，回路自体が高精度化／高速化してきています．これまで問題とならなかった寄生成分が回路動作に影響を与え，回路内で干渉を引き起こし，目的の性能を得にくくさせています．

● 基板上で寄生成分として生じる抵抗性/容量性/誘導性の要素を見積もる力とイメージする力をつける

　本書では難しい数式の理解は不要です．必要となるのは，高校の物理で習った，抵抗性／容量性／誘導性についての基本的な「うごき方」をイメージとしてとらえ，理解するということです．これさえ理解すれば，プリント基板上の回路動作が安定するだけでなく，低ノイズなオーディオ・アンプ，高精度な計測回路，高感度なソフトウェア無線機など広範囲な基板作りにも活用できます．

回路図には現れない配線パターンの寄生抵抗

技① 寄生抵抗を計算で予測する

　プリント・パターン，つまり導体には，銅（銅はく）が一般的に利用されます．特殊な用途のプリント基板では鉄やアルミなども用いられます．これらの導体は低いながらも抵抗成分（抵抗率）をもち，これが抵抗性の寄生成分（以降「寄生抵抗」と呼ぶ）になります．

　図1に示すような幅0.4 mm，長さ100 mmのプリン

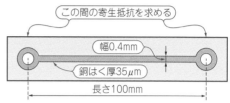

図1　よく見かけるプリント・パターンの寸法を例に寄生抵抗を計算してみよう
プリント・パターンの銅はく厚は35 μmとする

ト・パターンを例にして，寄生抵抗を計算してみます．

　銅はく厚は，一般的な厚みである35 μmとします．銅の単位体積当たりの抵抗率は，20℃において1.72 × $10^{-8}\ \Omega$mです[1]．配線の長さ ℓ [m]，配線幅 W [m]，厚さ T [m]とすると，寄生抵抗 R_P [Ω]は，次式で求められます．

$$R_P = 1.72 \times 10^{-8} \times \ell/S \cdots\cdots\cdots\cdots (1)$$
ただし，断面積$S(= WT)$ [m^2]

● イメージは10 cmで「0.12 Ω」

　図1の寸法を，式(1)に代入してみると，100 mmのプリント・パターンには，120 mΩの寄生抵抗が存在することになります．表面層パターンでは，スルーホールめっき加工により，銅はく厚に対してめっき厚ぶんが約20 μm追加されます．それにより，寄生抵抗は計算値からさらに低下します．55 μm（= 35 μ + 20 μ）で，76 mΩの寄生抵抗です．18 μmの銅はく厚なら，2倍の240 mΩになります．

　図1に示したプリント・パターンは，回路図やネットリストでの結線情報では「抵抗が0 Ωで導通するもの」として取り扱われます．120 mΩや240 mΩは回路図／ネットリストには現れない，回路設計者としては想定外の要素です．

技② 配線パターンの寄生抵抗による電圧降下を見積もる

　寄生抵抗R_Pのパターンに電流I [A]を流すと，オームの法則から電圧降下V_P [V]が生じます．

$$V_P = IR_P \cdots\cdots\cdots\cdots\cdots\cdots\cdots (2)$$

$I = 100\,\mathrm{mA}$ だと，$V_P = 12\,\mathrm{mV}\,(= 100\,\mathrm{mA} \times 0.12\,\Omega)$ です．これが回路動作に悪影響（干渉）を及ぼします．電圧降下が $12\,\mathrm{mV}$ なので，電流 I とは別の信号源であるセンサ回路の信号レベルが $5\,\mathrm{mV}$ であれば，プリント・パターン（とくにグラウンド）の接続方法によっては，トラブルの発生がイメージできると思います．

● 寄生抵抗はラフに見積もりできれば十分

前述したようにシンプルな計算を用いて，プリント基板上で生じる干渉をざっくりと見積もることができます．この考え方をさらにラフにしたものを，英語で Rule of thumb（親指のルール）といいます（図2）．測る対象の長さは親指の何本分くらいと，ラフな見積もりでも技術的には十分という考えです[2]．そこで本書では，この Rule of thumb でプリント基板設計を考えていきます．

寄生抵抗の対策

技③ 寄生抵抗を小さくするには太く短く配線する

寄生抵抗により生じる干渉の一番基本的な回避方法は，その抵抗を小さくすることです．つまり「太く／短く」プリント・パターンを作ることです．

技④ 「太く／短く」の極限は，面状パターン

多層基板において1つの層の全面で構成されるベタ・グラウンドのことをグラウンド・プレーン（Ground Plane；グラウンドの平面という意味）とも呼びます．実際には，4層以上の多層基板でグラウンド・プレーンを利用することが多いです．

図2　Rule of thumb（親指のルール）はプリント基板設計にフィットする考え方だ

グラウンド配線は「ベタ（グラウンド・プレーン）にしておけば大丈夫」と考える人も多いかと思います．しかし，ディジタル回路が搭載された $\mu\mathrm{V}$ オーダのアナログ微小信号を扱う計測基板や，高いダイナミック・レンジと低いひずみ特性が必要となる Hi-Fi オーディオ基板などでは問題となることがあります．

ここでは，図3に示すように，ベタ・パターンの一端に接続される端子①と，反対端に接続される端子②間で，電流がどう流れるかを考えてみます．これにより，ベタ・パターン上での電流の流れ方のイメージをつかんでおきましょう．

技⑤ ベタ・パターンは抵抗の小さいメッシュ・モデルとして考える

ベタ・パターン全体で出来上がる抵抗も，単純には式(1)のとおりですが，実際はもう少し複雑なモデルです．電流の流れを具体的に考えるときは次のようにモデル化します．図3に示すベタ・パターンは，図4のように，銅はくの寄生抵抗（小抵抗）がメッシュのようにつながったかたちでモデル化できます．図4では $1\,\mathrm{cm}^2$ の面積を1単位としています．プリント・パターンの銅はく厚を $18\,\mu\mathrm{m}$ として，式(1)で得られた計

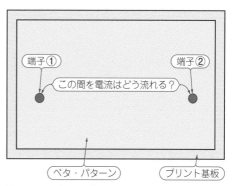

図3　ベタ・パターン（面状のプリント・パターン）上の2つの端子間で電流がどのように流れるかを考えてみる
ベタ・パターン上での電流の流れのイメージをつかむ

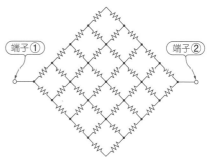

図4　ウソのような本当の話！プリント基板は抵抗のネットワーク回路なのだ
図3の電流の流れを考えるときは寄生抵抗がメッシュのようにつながったかたちでモデル化する．抵抗値の低い経路に電流が多く流れる

算値を使ってみました．電流はメッシュの各部分を流れていきます．経路の短い，つまり抵抗値の低い経路に流れる電流量が多くなります．これはオームの法則を考えれば気がつくことでしょう．

技⑥　電流が流れる経路を予測する

端子①から端子②に電流が流れるとき，その電流量の比率は，経路の抵抗値（経路長）の逆数に比例します．つまり図3に示したようなベタ・パターンにおいては，電流は均一に流れるのではなく，端子間を直線で結んだところにもっとも多くの電流が流れます．

なお高速信号のリターン電流は，インピーダンスの低い経路に多く流れます．インピーダンスとは，交流で電流の流れを妨げる要素で，抵抗とリアクタンス（容量／インダクタンス）により形成されます．離れた位置でも電流は0Aではなく，いくらかの電流が流れます．

＊　　　＊　　　＊

以上のことから，図3に示したようなベタ・パターンにおいては，次のことを理解しておきます．

- 電流はベタ・パターンを均一に流れるのではない
- 抵抗値の低い経路に電流が多く流れる
- 端子間を直線で結んだところにもっとも多くの電流が流れる
- 離れた位置の電流は0Aではなく，そこにもいくらかの電流が流れる
- 信号が高速になればインピーダンスの低い経路を流れる

◆参考文献◆
(1) 日本工業規格：JIS C3001 - 1981，電気用銅材の電気抵抗．
(2) https://en.wikipedia.org/wiki/Rule_of_thumb

column▶01　基板設計のコツ…行って帰ってくる「電流路」を考慮する

石井　聡

写真Aに示すように電池に豆電球をつなぐと電流が流れ，豆電球が点灯します．「回る路」というとおり，豆電球が点灯するには，電流が1周流れる経路が必要です．これは小学校の授業で習いました．

往々にして，電子回路やプリント基板を設計する際に，この基本中の基本を忘れがちです．図Aに示すように，物理則のとおり，電流には戻る経路があります．

プリント基板では，グラウンドに電流の戻る経路ができます．グラウンドを経由して電源回路／信号源側に戻る電流をリターン電流と言います．

リターン電流の経路を把握し，プリント基板を設計しないと，μVオーダのアナログ微小信号を扱う計測基板では測定精度が劣化し，Hi-Fiオーディオ基板ではダイナミック・レンジが低下したり，ひず

みが増大したりします．とくにディジタル回路とアナログ回路が混在するミックスド・シグナル回路では，ディジタル信号がノイズとしてアナログ信号に混入します．リターン電流を考慮した配線をすることで，これらの問題を解決でき，余計な電磁ノイズの放射も低減し，良好な特性を実現できます．

プリント基板設計で一番重要なポイントは，グラウンドです．ここに寄生成分との相互作用が現れてきます．グラウンドが寄生成分の温床ともいえるでしょう．このため基板設計においては，とくにグラウンド配線を慎重に検討する必要があります．

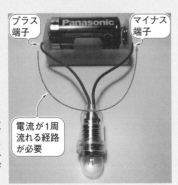

写真A　電池に豆電球をつなぐと電流が流れるのは「電流が一周する経路」があるから

プラス端子　マイナス端子

電流が1周流れる経路が必要

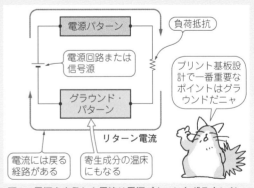

電源パターン　負荷抵抗
電源回路または信号源
グラウンド・パターン
リターン電流
プリント基板設計で一番重要なポイントはグラウンドだニャ
電流には戻る経路がある　寄生成分の温床にもなる

図A　電源を出発した電流は電源パターンとグラウンド・パターンを通過して，元に戻ってくるのだ
リターン電流を考慮したプリント基板を設計することで，余計な電磁ノイズ放射を低減できる

石井 聡 Satoru Ishii

第2章

プリント基板に潜む「寄生容量」

「寄生容量」とは

● 前提知識…多層基板の各層間は同じ厚さではない

実際のプリント基板でもよく見かける，図1に示す4層基板を例にして，プリント・パターン間の寄生容量を計算してみます．図1ではグラウンド・プレーンとなっている第2層(L2)の上の表面層(L1)に1cm²のベタ・パターンがあります．

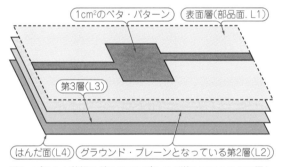

図1 プリント基板のどこにコンデンサが潜んでいるのか？探してみよう！

4層基板のL1-L2間に1cm²のベタ・パターンがある．多層基板の各層のことを，L(層番号)という記号で示す．L1が部品面，L2がその下の内層となる．LはLayer(層)を意味する

見落としがちなこととして，「多層基板の層間は，それぞれ同じ厚さではない」という事実があります．図2と表1に4層基板での一例を示します．

表1の板厚は1.6 mm，L1-L2は0.2 mmです．1.6 mmは一般的なプリント基板の厚み(板厚と呼ぶ)です．各層間の厚みは0.53 mm(= 1.6 mm/3)ではありません．つまり，均一ではないのです．

L1-L2の寸法は一例であり，0.1-0.3 mmの基板が多いです．L1-L2(4層基板ならL3-L4も同様)は，プリプレグというシート状の材料で構成されています．1枚のシートが約0.1 mmの厚さで，これを複数枚重ねて，L1-L2間の指定された厚みをつくります．

L2-L3の間は，コア材という，両面基板で用いられる絶縁材料が使われます．

多層基板の各層間の厚さを知っておくことで，プリント基板上で生じる寄生容量を見積もることができます．

技① パターン間に生じる寄生容量を見積もる

それでは図1に示す条件で，配線間の寄生容量を計算してみましょう．高校の物理で習ったように，2つの対向する平面導体間で生じる容量 C_P [F] は次式で

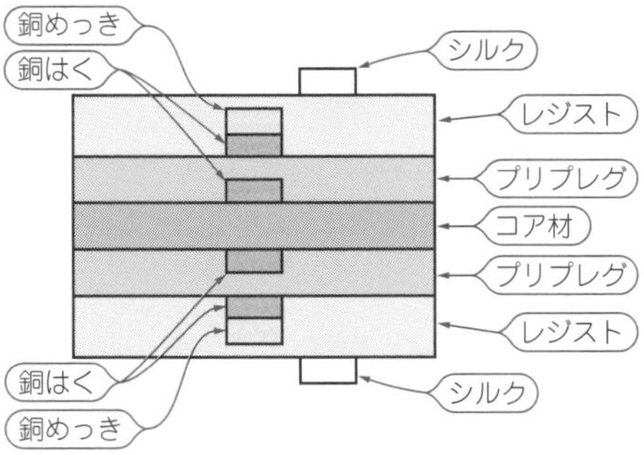

図2 4層基板はこんな構造になっているのだ

各層間の厚みは均一ではない

銅めっき
銅はく
シルク
レジスト
プリプレグ
コア材
プリプレグ
レジスト
銅はく
銅めっき
シルク

表1[1] 多層基板の層間はそれぞれ厚さが違うので寄生容量が異なる

図2の各配線層の構成と厚み．多層基板の各配線層間の厚さを知っておくと，寄生容量をざっくりと見積もることができる

板厚	1.6	0.4	0.6	0.8	1.0	1.2	2.0
ソルダ・レジスト	0.015～0.025						
銅めっき	0.015～0.025						
銅はく(L1)	0.018						
プリプレグ	0.2	0.06	0.11	0.11	0.2	0.2	0.18×2
銅はく(L2)	0.035						
コア材	1.1	0.1	0.2	0.4	0.4	0.6	1.1
銅はく(L3)	0.035						
プリプレグ	0.2	0.06	0.11	0.11	0.2	0.2	0.18×2
銅はく(L4)	0.018						
銅めっき	0.015～0.025						
ソルダ・レジスト	0.015～0.025						

単位[mm]

11

求められます.

$$C_P = \varepsilon_r \varepsilon_0 S/d \cdots\cdots\cdots\cdots\cdots\cdots (1)$$
ここで, ε_r:基板の絶縁体(誘電体)の比誘電率,
ε_0:真空の誘電率[F/m], S:平面導体の面積
[m^2], d:導体間の距離[m]

　基板の絶縁材料は, 一般的にFR-4材料(ガラス・エポキシ絶縁体)が用いられます. FR-4材料の比誘電率ε_rは4.2〜4.9なので, ここでは$\varepsilon_r = 4.7$とします.

　図1の寸法などを式(1)に代入します. 導体, ここではプリント・パターンの面積は, L1側の寸法を使います. L1と対向するL2のグラウンド・プレーンは, L1と同面積の部分が容量の形成に有効と仮定します.

　計算してみると, $C_P = 20.8\,\text{pF}$です. この大きさがわかれば, プリント基板設計においても, どのくらいのプリント・パターン寸法で, どの程度の寄生容量による影響度(干渉)が予想されるか, Rule of thumbでざっくりと見積もりできます. 厳密な数字を求める必要はありません.

　寄生容量を見積もることにより, プリント基板上での周波数特性劣化の原因を判断できるようになります. また寄生的な結合によるノイズが, どの経路でどのように混入(干渉)しているかを予想するなど, 基板設計の戦略を練ることができます.

技② 寄生容量によって異なる配線層間がリアクタンスでつながっているとする

　回路図やネットリストの結線情報では, **図1**に示したL1のパターンとL2のグラウンド・プレーンは「完全に分離しているもの」として取り扱われます.

　プリント基板には回路図やネットリストには現れない,

回路設計者としては想定外の要素があります. 寄生容量で異なるネット間がリアクタンスでつながるので, そこに余計な電流が想定外に流れ, 回路動作に影響(干渉)を与えてしまいます.

寄生容量による「寄生リアクタンス」

技③ リアクタンスは「抵抗のようなもの」と考えればよい

　リアクタンスは「抵抗のようなもの」と考えておけば, プリント基板設計においては十分です. 実際の回路動作としては次のとおりです.

- 単位は抵抗と同じ[Ω]
- 寄生容量による寄生リアクタンスは, 周波数が高くなると小さくなる(影響度は大きくなる)
- リアクタンスに加わる電圧と流れる電流の位相は90°ずれている
- 寄生インダクタンスによる寄生リアクタンスは, 周波数が高くなると大きくなる(影響度は大きくなる)

　寄生容量による寄生リアクタンスは次のように回路動作に影響を与えます.

(1) 結線情報では接続されていないプリント・パターン間に寄生容量が生じると, 無限大の抵抗が交流信号で有限の抵抗値になる
(2) 寄生容量で生じる有限の抵抗値が寄生リアクタンスである
(3) プリント・パターン間に電流の流れる経路ができる

---

column▶01 そもそも「寄生」ってなに?

石井 聡

　寄生成分/浮遊成分とは, 設計者が意図せずに, プリント基板上の回路素子/プリント・パターン/絶縁体から形成される構造で生じてしまう, 抵抗性(抵抗)/容量性(コンデンサ)/誘導性(インダクタ)要素を指します. 一般的には, 回路内に内在する想定外の成分のことです. 寄生成分はパラスチックとも呼びます. これは英語でparasticと書き, 回路や素子内で生じる寄生的なものという意味です. パラサイトという言葉を聞きますが, これはパラスチックの名詞形です.

　一方で浮遊成分とは, 回路や素子内ではなく, プリント基板上の回路素子/プリント・パターン/絶

縁体それぞれの相互的影響によるものです. 「浮遊」であることから, 容量を指すことが多いです.

　浮遊成分はストレ/ストレー/ストレイと呼びますが, これはstray(意味は「流離う, 彷徨う」)という英語から来ています. いずれにしても, 寄生成分/浮遊成分, どちらも設計者が意図していない成分ということです.

　1980年代のロックバンドで, ストレイ・キャッツというグループがありましたが, 「フラフラ浮遊している猫=野良猫」という意味だと, ある日気がつきました.

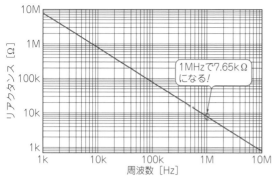

図3 プリント基板に寄生するコンデンサは周波数の高い信号にとって無視できない想定外の存在だ
1 cm²の対向するプリント・パターンで生じる容量によるリアクタンス

技④ リアクタンスは周波数が高くなると低くなる

配線層間の寄生容量C_Pにより生じる寄生リアクタンスX_{CP}[Ω]は次式で求まります.

$$X_{CP} = \frac{1}{2\pi f C_P} \quad\cdots\cdots\cdots\cdots\cdots\cdots (2)$$

ここで, f:周波数[Hz], C_P:プリント基板のL1-L2間で生じる寄生容量[F]

図3に, リアクタンスの周波数特性を示します. 寄生容量によるリアクタンスは, 周波数が高くなると小さくなります. 周波数1 MHzでリアクタンスは7.65 kΩです. 計算結果から寄生容量によるリアクタンスは意外と大きいとわかります.

寄生容量を小さくすれば, 回路動作の周波数特性の劣化を抑えたり, 寄生的な結合によるノイズを低減したりできます.

* * *

プリント・パターン間の寄生容量のポイントは次のとおりです.

- 結線情報では接続されていない配線間に, 寄生容量によりリアクタンスが生じる
- 周波数が高くなると寄生容量によるリアクタンスが低下してくる
- 周波数が高くなるにしたがい, 配線間の寄生容量による影響度(干渉)が高まる
- プリント基板上での回路動作に影響を与える

寄生容量の対策としては, プリント・パターン間を離隔して設計する, 余計な配線の対向面をつくらないことです. 多層基板であれば, 離れた層間で対向面を形成することです.

◆参考文献◆
(1) P板.com:リジッド多層板層構成参考表, 2021/3/19版.
https://www.p‐ban.com/information/data/rigid_multilayer_reference.pdf

寄生成分 グラウンド アナログ回路 高速ディジタル 電源回路

column▷02 一番よく使う基板の材料「FR-4」
エフ・アール・フォー

石井 聡

現在, 一番多く用いられるプリント基板の絶縁材料は, FR-4です. 何気なく「FR-4基板」と言っていますが, 一体これは何を意味するのでしょうか.

FR-4はFlame Retardant-4(難燃性/耐炎性グレード4)という英語からきています. Flameは燃焼(または火炎), Retardantは遅延剤/抑制剤という意味がそれぞれあります.

FR-4基板はガラス・エポキシ基板とも呼ばれ, ガラス繊維をエポキシ樹脂で硬化させた絶縁体です. FR-4基板と聞くと, 電気的な特性を意図するように思われますが, 難燃性グレードであるところは面白い話です.

これは米国の工業規格団体 米国電機製造業者協会(NEMA:National Electrical Manufacturers Association)が策定した, 工業用熱硬化性積層製品 (Industrial Laminating Thermosetting Products)の規格, NEMA Standards Publication No. L1 1-1998に定義されています.

ここにはFR-1からFR-5までが規格化されています. FR-1とFR-2は紙フェノール材, FR-3は紙エポキシ材, FR-4とFR-5がガラス・エポキシ材です. またプリント基板材料としても用いられる, G-10, ガラス・コンポジット材のCEM-3もNEMA規格に定義されています.

一般的な電子機器には, FR-4基板がよく用いられます. 高速/高周波回路では, 高周波特性をより向上させたテフロン, PPE(ポリフェニレンエーテル)樹脂, セラミックなどの特殊なプリント基板用絶縁材料もよく用いられています.

第3章

寄生容量が回路に与える悪影響

石井 聡 _Satoru Ishii_

ディジタル信号への悪影響

配線層間に生じる寄生容量がディジタル信号に与える影響を調べてみます．ディジタル信号を伝送するプリント・パターンのレシーバCMOS IC端に，1 cm²の配線が形成された基板を，テスト・ケースとして製作しました．**写真1**にそのプリント・パターンを示します．その仕様は次のとおりです．

- 4層基板でプリント・パターン寸法は**写真1**のとおり
- L2：グラウンド・プレーン，L1 - L2の層間厚：0.2 mm
- L1 - L2間に20.8 pFの寄生容量が形成される
- レシーバIC端はCMOS ICの入力容量に相当する5 pF（一般的に数pF）で模倣
- ドライバIC側は100 Ωの出力抵抗を配置
- ドライバICとレシーバIC間の配線は全長15 mmと短い

出力抵抗100 Ωと寄生容量20.8 pF，入力等価容量5 pFで，RCローパス・フィルタ回路（より簡単にい

うと「鈍った波形となる回路」）が構成されます．この等価回路モデルを図1に示します．

技① 配線層間の寄生容量を小さくすると信号の鈍りを低減できる

写真1のレシーバIC端の波形変化$r(t)$は次式で求まります．

$$r(t) = V \left(1 - \frac{1}{e^{t/C_L R_S}} \right) \quad\cdots\cdots\cdots (1)$$

ただし，V：ディジタル信号の電圧振幅[V]，t：時間[s]，e：自然対数の底（ネイピアの数）で，約2.7182，C_L：寄生容量（$C_P = 20.8$ pF）と入力容量（$C_{in} = 5$ pF）の合算値[F]，R_S：ドライバIC側に接続された抵抗[Ω]

式(1)を覚える必要はありません．寄生容量C_Pが増大すると，波形がさらに鈍ることだけ理解しておけば十分です．

図2にドライバIC側の波形とレシーバIC端で得られる波形を示します．レシーバIC端の波形はドライバ側に比べ，鈍く立ち上がり約2.16 ns遅延すること

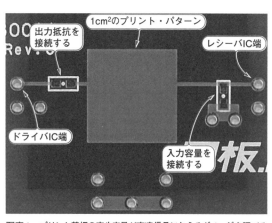

写真1　プリント基板の寄生容量が高速信号に与えるダメージを調べる
ディジタル信号を伝送するラインのレシーバIC端に1cm²のプリント・パターンがある基板を製作した．プリント・パターン寸法は第2章の図1と同じである

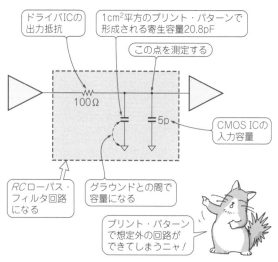

図1　写真1のプリント基板はローパス・フィルタなのだ

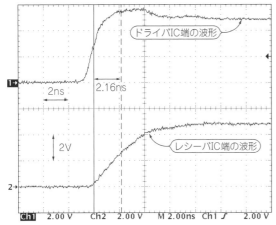

図2 レシーバIC端の波形はドライバ側に比べ遅延，立ち上がりが鈍る
寄生容量が伝送信号品質に影響を与える

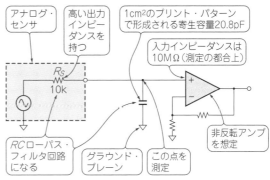

図3 高いインピーダンスをもつアナログ・センサと非反転アンプをつなぐプリント・パターンの途中に寄生容量C_Pがある基板のモデル
写真1の基板を改造して製作する

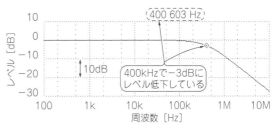

図4 アナログ・センサからOPアンプ入力までの振幅－周波数特性
寄生容量の影響で数百kHz以上で信号が減衰する

になります．寄生容量C_Pが，シグナル・インテグリティ（信号伝送品質）に悪影響を与えてしまうわけです．

アナログ信号への悪影響

次にアナログ回路でのテスト・ケースを見てみましょう．**写真1**のプリント基板を改造して，**図3**に示す等価回路モデルのような基板を製作しました．高い出力インピーダンスR_Sをもつアナログ・センサから，非反転アンプとつなぐ配線の途中に，1 cm²のプリント・パターンで生じる寄生容量C_Pが形成されるイメージです．仕様は次のとおりです．

- 4層基板
- L2：グラウンド・プレーン，L1-L2の層間厚：0.2 mm
- アナログ・センサの代わりに出力インピーダンス（R_Sが）10 kΩの抵抗を使用
- 非反転アンプの入力インピーダンスは$R_{in} = 10$ MΩ（実際は測定で使用したパッシブ・プローブの入力抵抗10 MΩで代用）

非反転アンプの入力インピーダンスは，一般的にG[Ω]オーダと考えられますが，ここでは測定の都合により10 MΩにしています．

前述のディジタル回路のテスト・ケースと同じように，センサの出力インピーダンス$R_S = 10$ kΩと寄生容量$C_P = 20.8$ pFで，RCローパス・フィルタ回路が形成されます．

技② 配線層間の寄生容量が大きくなるとゲイン周波数特性が劣化すると理解する

アナログ・センサからOPアンプ入力への，信号伝

送の周波数振幅特性を測定した結果を，**図4**に示します．

－3 dB（$1/\sqrt{2} = 70.7$ %）に信号が減衰する周波数が，約400 kHzとなっています．これでは「数百kHzまでしかマトモに動かない回路」であり，寄生容量が問題になっていることがわかります．

このようにアナログ回路においても，寄生容量がアナログ・センサの信号検出に悪影響を与えてしまうわけです．このときOPアンプ入力の信号減衰量の周波数特性$H(f)$は次式で求めることができます．

$$H(f) = \sqrt{\frac{1}{(2\pi f C_P R_S)^2 + 1}} \quad\cdots\cdots (2)$$

実測の400 kHzは式(2)で得られる周波数特性より低いです．

この考え方は式(1)と同じです．式(2)は周波数軸から見ているだけのことです．式(2)からも，アナログ・センサの高い出力インピーダンスR_Sと寄生容量C_Pにより，信号減衰量が周波数で増加するようすがわかります．OPアンプの入力インピーダンスR_{in}の影響は軽微なので，式(2)では無視しています．

式(2)も覚える必要はありません．プリント・パターン間で形成される寄生容量C_Pが増大すると，周波数特性が劣化することだけ理解しておけば大丈夫です．

想定外の迷結合による「クロストークの発生

これまでは回路自体の特性変化という視点で，プリント基板のレイアウトを評価してきました．

次にプリント・パターン間で生じる，想定外の寄生容量による結合（インピーダンスを通して電気的に接続された状態になること）で，ノイズが生じてしまう例を図5に示します．

図5での結合は，寄生容量により意図しない接続が生じている状態を主に議論します．想定外の結合を迷結合と呼びます．迷結合により発生するノイズをクロ

ストーク（crosstalk；漏話）とも呼びます．クロストークは本来，信号間の相互干渉を意味するものですが，以降の説明では，迷結合によるノイズも含めてクロストークで統一します．

図6にテスト・ケースの等価回路モデルを示します．本実験でも写真1のプリント基板を用います．写真1と同じプリント・パターン寸法で，層間厚は0.2 mmなので形成される寄生容量は20.8 pFです．

写真1のプリント基板接続と，本実験での図6の接続を比較してみます．L1はアナログ回路の信号伝送ラインで同じです．異なるところは，L2がディジタル回路の信号ライン（ベタ・パターンのプレーン層であるが）だということです．回路のグラウンドは，プリント基板外でリード線で接続します．そのほかの仕様は次のとおりです．

- アナログ信号源は10 kHz，6 V_{P-P}
- 信号源抵抗はセンサを想定し10 kΩ
- センサ信号を非反転アンプで受ける
- OPアンプの入力インピーダンスは200 kΩ（測定の都合上，差動プローブを使用したため）
- L2はディジタル回路の配線で，周波数が約10 MHz，振幅が5 Vの繰り返しディジタル信号（74VHC04で駆動）が加わっている

非反転アンプの入力インピーダンスは，一般的にGΩオーダと考えられますが，ここでは測定の都合（差

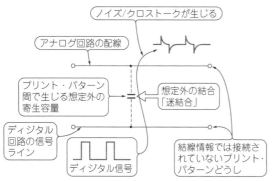

図5 プリント・パターン間の寄生容量は信号のパス・ルートになる（クロストークの発生）

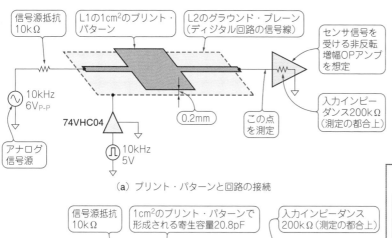

（a）プリント・パターンと回路の接続

（b）プリント・パターンや接続の状態をよりモデル化した

◀図6 寄生容量による迷結合でアナログ回路にクロストークが発生することを確認するための等価回路モデル
写真1のプリント基板を使って製作する

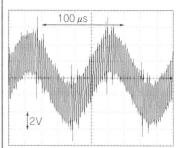

図7 オシロスコープでアナログ信号を観測すると不要なクロストークが見られる
ノイズとなる10 MHzのディジタル信号は画面上ではエイリアシングが生じている

動プローブの使用）により200kΩとしています．

図7は図6のテスト・ケースでのアナログ信号を観測した結果です．1cm²のプリント・パターンによる迷結合で，ディジタル信号の矩形波から，アナログ信号に大きくクロストークが生じていることがわかります．これはアナログ回路からすればノイズです．

技③ ディジタル信号がアナログ信号に与えるクロストークだけ考える

図6のテスト・ケースでは，ディジタル信号がアナログ信号にクロストークを与えています．アナログ信号のレベルが小さいときに顕著になることも理解できます．

一方で，アナログ信号からディジタル信号に与えるクロストークは問題になりません．

- 信号レベルの大きなディジタル回路側は干渉に強い
- 信号レベルの小さいアナログ回路側が干渉にとても弱い

これらはスイッチング電源などのパワー回路と，アナログ回路との関係でも同じです．

プリント基板の全体がアナログ回路であっても，信号レベルの大きな回路側から，微小信号の回路側に対して干渉を与えてしまうこともよくあります．

クロストークの問題を解決するには，寄生容量を低減させます．

図8は実際に私が製作した基板で発生した，ディジタル回路からの干渉を受け，アナログ回路で生じたクロストークのようすです．下側のディジタル・パルス列の信号変化点で，上側のアナログ信号波形にクロストークが生じていることがわかります．

技④ 寄生容量による配線層間の結合度は周波数に比例して高くなることをふまえる

寄生容量によるリアクタンスは周波数によって変化します［第2章の式(2)］．

そこで図6のテスト・ケースを用いて，ディジタル信号源からOPアンプ入力への結合度の周波数特性を測定してみます．図9にその結果を示します．周波数に比例して結合度が高まり，100kHzを超えたあたりから素通しになっています．

本実験はOPアンプの入力インピーダンスを200kΩとしており，この周波数特性になっています．さらにセンサ出力インピーダンスが高く，GΩオーダとなる一般的なOPアンプの入力インピーダンスだと，とても低い周波数から結合度のある状態になるので，慎重に基板のレイアウトを検討します．

技⑤ 高速に変化するエッジのクロストークからおさえる

寄生容量が小さいとき，または回路のインピーダンスが低いときでも，ディジタル信号の高速に変化するエッジは問題になります．図6のテスト・ケースでは，クロストークの源となるディジタル信号は10MHzの矩形波でした．10MHzの周波数とはいえ，ディジタル信号は奇数倍の高調波を含んでおり，それはかなり高い周波数帯までおよびます．

高周波信号や，高速に変化するエッジをもつディジタル信号／スイッチング回路などは，寄生容量の影響，つまりクロストークが大きくなります．

とくにディジタル信号の変化点で，迷結合によりアナログ回路が干渉を受けクロストークが生じます．これは図8の波形からも確認できます．

寄生成分
グラウンド
アナログ回路
高速ディジタル
電源回路

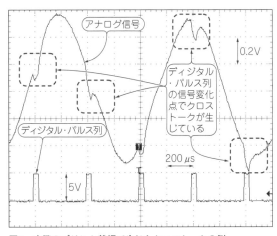

図8 実際のプリント基板で生じたクロストークの例
アナログ回路はディジタル回路から干渉を受ける

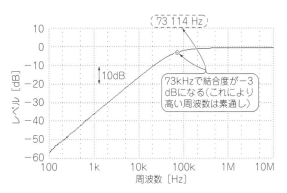

図9 図6の基板を用いてディジタル信号源からOPアンプ入力までに生じる配線層間の結合度の周波数特性を測定してみた
周波数に比例して結合度が高まる

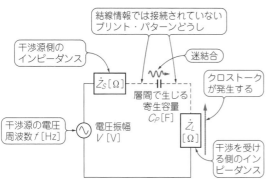

図10 配層間で生じる寄生容量の影響をモデル化してみる
結合するしくみは電圧によるもの

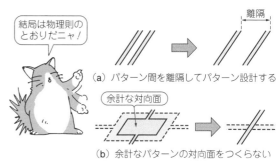

（a）パターン間を離隔してパターン設計する

（b）余計なパターンの対向面をつくらない

図11 クロストークを低減するには，寄生容量を減らせばよい

迷結合の原因は「電圧」によるもの

図10に，図6のテスト・ケースでの寄生容量による迷結合をモデル化したものを示します．ディジタル信号やスイッチング回路側（干渉源）とアナログ回路側（干渉を受ける側）が，寄生容量で接続されています．

アナログ信号側が受ける迷結合による干渉，つまりクロストークの度合いFは次式で計算できます．

$$F = \frac{Z_L}{Z_S + Z_L + \dfrac{1}{j2\pi f C_P}} \quad\cdots\cdots\cdots\cdots\cdots\cdots (3)$$

ただし，V：干渉源側の電圧振幅[V]（式表現を簡単にするために，干渉源波形は正弦波と仮定），f：周波数[Hz]，C_P：層間で生じる寄生容量[F]，Z_S：干渉源側のインピーダンス[Ω]，Z_L：干渉を受ける側のインピーダンス[Ω]

式(3)では簡単にするため，インピーダンスはそれぞれ足し算で表記しています．

式(3)から電圧Vを源として，迷結合が生じること

がわかります．

式(3)も覚える必要はありません．寄生容量C_Pが増大すると，クロストークが増大することだけ理解しておけば十分です．

プリント基板のレイアウトだけでできる，周波数特性の改善や迷結合（クロストーク）を低減させる方法は，寄生容量を小さくすることです（図11）．その一番基本的な方法は図1に示すように，

● プリント・パターン間を離隔して基板設計する
● 余計なプリント・パターンの対向面をつくらない

ことです．

第5章で，寄生容量の影響を回避する方法について，より詳しく解説します．

＊　　　　＊　　　　＊

ここまで実験で，寄生容量による影響を見てきました．実際の基板設計では，第2章の式(1)や式(2)を利用して計算したり，式(3)を使ったりすることで，プリント基板上で生じる寄生容量が回路動作に悪影響を及ぼすようすを，Rule of thumbでざっくりと見積もることができます．

それにより，どのようにプリント基板を設計していけばよいか，定量的に考えることができます．

第4章

寄生容量による性能劣化への対策

石井 聡 Satoru Ishii

層間の寄生容量への対策

技① 過剰な寄生容量を低減するためグラウンド・プレーンにヌキを入れる

L1-L2(4層基板であればL3-L4も)の層間厚は非常に薄いので，層間の寄生容量が増大します．回路動作に影響を与える，過剰な寄生容量が生じがちです．

多層基板で，L2のグラウンド・プレーンとL1のプリント・パターンとの間で，過剰な寄生容量が形成されているとき(L1の基板レイアウトで改善できないのであれば)，図1に示すように，L2のグラウンド・プレーンにヌキをつくり，L3の一部をグラウンド・プレーンにすれば，層間の寄生容量を低減できます．

技② 迷結合を低減するため層間にベタ・グラウンドを挿入する

寄生容量による迷結合を低減する方法として，図2に示すように寄生容量による迷結合を低減したい対向したパターンの層間に，ベタ・グラウンドを挿入する方法があります．図2の層構成は次のとおりです．

- L2のプリント・パターン：ディジタル回路など干渉源(クロストーク源)側
- L1のプリント・パターン：アナログ回路などの干渉を受ける側

L2のレイアウトをL3などに移して，この間にベタ・グラウンドを挿入します．これにより移したL3のプリント・パターンとベタ・グラウンド間が結合します．結合により形成された寄生容量を通して，ディジタル

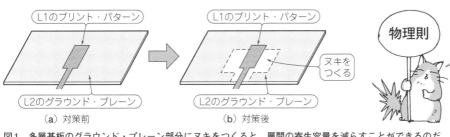

図1 多層基板のグラウンド・プレーン部分にヌキをつくると，層間の寄生容量を減らすことができるのだ
層間厚が薄いと寄生容量が増大し，回路動作に影響を与える

（a）対策前　　（b）対策後

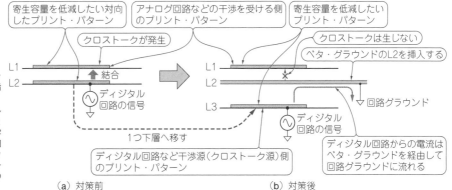

図2 プリント・パターン間にベタ・グラウンドを挿入すると寄生容量が減る
これによりL3のディジタル回路のプリント・パターンとベタ・グラウンド間が寄生容量で結合する．ディジタル回路からの電流がベタ・グラウンドを経由して回路グラウンドに流れるので，L1とL3のクロストークを低減できる

（a）対策前　　　　　　（b）対策後

回路からの電流がベタ・グラウンドを経由して回路グラウンドに流れます．つまりL1のプリント・パターンには，L3に移したプリント・パターンからの迷結合（クロストーク）がなくなるわけです．

技③ 層間の結合をモデル化する

技②の対策は**図3**のようにモデル化できます．上下のプリント・パターン間で形成される，もともとの寄生容量は，等価的に1つのコンデンサでモデル化できます．その間にベタ・グラウンドが挿入されることで，等価的に2つのコンデンサに分解されます．その2つのコンデンサ間の接続点が，回路グラウンドに落ちている回路になります．

つまり**図3(a)**の，干渉源からの電流は，コンデンサを通して回路グラウンドにすべて流れてしまいます．**図3(b)**のコンデンサ（L1のプリント・パターン）には，干渉源からの迷結合がありません．

● 寄生容量対策を施したからといって過信しないことが重要

それでも「これで100％」と過信しないことも重要です．一般的にはこれらの対策で問題ありませんが，非常に微小な振幅を扱ったり，回路の動作インピーダ

ンスが高かったりするときは，ベタ・グラウンドに存在する寄生抵抗やインダクタンスにより，100％の効果が得られません．そういう私も，高周波発振回路の基板で失敗した経験があります．

並走するプリント・パターン間の寄生容量への対策

技④ 並走するプリント・パターンの間隔を広げる

技②は対向するプリント・パターンどうし（層間）の迷結合低減の方策でした．同じような考えで，並走するパターン間の迷結合も低減できます．

同一平面に並んだプリント・パターン間（以降「並走するプリント・パターン」と呼ぶ）にも寄生容量が発生します．第2章の式(1)によるコンデンサ形成のしくみからすると，並走するプリント・パターン間は対向導体の面積Sがほぼゼロなので，容量は0Fと計算できます．しかし実際にはフリンジ容量（Fringe Capacitance：末端／周辺容量）というものが形成され，その寄生容量は式(1)よりも大きくなります．

このときも，プリント・パターン間隔を広げる（離隔する）ことで，この寄生容量を低減できます．

技⑤ 並走するプリント・パターン間にグラウンド・パターンを挟む

図4のように並走するプリント・パターン間にグラウンド・パターンを挟むことで，**図2**に近い効果を得ることができます．といってもこの方法は，同じ層（同じ平面）に載っている並走するプリント・パターンどうしなので，対策は限定的となります．

図5に，並走するプリント・パターン間にグラウンド・パターンを挟んだ断面図を示します．プリント・パターン間にそれぞれフリンジ容量が形成されます．

図5の構造は，**図6**の等価回路で表すことができます．このC_{12}とC_{23}の間（挟んだプリント・パターン）がグラウンドに接続されているので，並走するプリント・パターン間の迷結合を**図3**と同じしくみで低減で

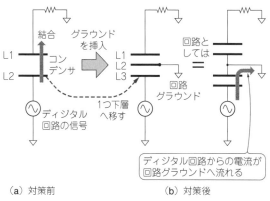

図3　図2の対策をモデル化して考えると層間の結合をイメージしやすい

（a）対策前　　　　　　　（b）対策後

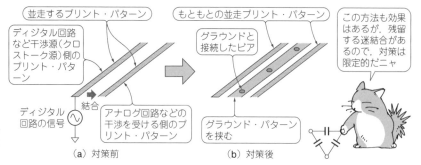

図4　並走するプリント・パターン間にグラウンド・パターンを挟むと寄生容量が減る

（a）対策前　　　　　　　（b）対策後

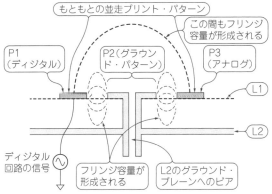

図5 並走するプリント・パターンと挟んだグラウンド・パターンの断面
プリント・パターン間にフリンジ容量が形成される

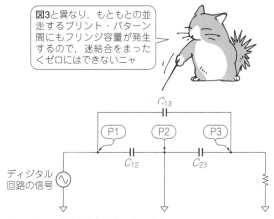

図6 図5の構造を等価回路で表したもの

きます．それでもC_{13}の寄生容量による迷結合の経路があるので，万全とはいえません．

技⑥ 電磁界シミュレータで並走パターン間の迷結合を視覚化する

Maxwell SV（ANSYS）というツール（現在は提供されていない）で，図5の形状を電磁界シミュレーションし，電界を断面表示したものを図7に示します．挟んだグラウンド・パターンに電界の一部が流れ込み，並走パターン間の寄生容量による迷結合が低減していることがわかります．このしくみから考えれば，挟むグラウンド・パターンを幅広にしておく，つまり並走するプリント・パターンとグラウンド・パターン間の寄生容量を増大させることで，配線間の迷結合を低減できることがわかります．

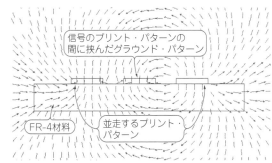

図7 図5の電界を電磁界シミュレータ Maxwell SV（ANSYS）でビジュアル化！
挟んだグラウンド・パターンに電界の一部が流れ込み，並走するプリント・パターン間の迷結合が低減する

◆参考文献◆

(1) ANSYS. http://www.ansys.com/

---

column ▶ 01 現場では「インピーダンス」はザックリとしたニュアンスで使う

石井 聡

インピーダンスという用語は，交流で電流を妨げる要素，つまり抵抗とリアクタンス（容量／インダクタンス）により形成されるものです．従って，直流抵抗はインピーダンスではありません．しかし電子回路の設計現場では，直流抵抗のことをインピーダンスと表記／議論するケースが多々あります．

本来は誤用なのですが，入力インピーダンス，出力インピーダンス，回路のインピーダンスなど，直流抵抗でもインピーダンスと表現します．

本文でもこの用法にならって，直流抵抗を意味する場合でも，汎用的に用いられている表現として（表現のゆらぎとして）インピーダンスという用語を用います．日常的業務では，話の文脈を読むつもりで「ここでの話は抵抗の意味なのだな」と，類推して聞くこと，議論することが大事です．

第5章

プリント基板に潜む寄生インダクタンス

石井 聡 Satoru Ishii

● 寄生インダクタンスとそれによって生じるリアクタンスを物理則で考える

リアクタンスになる別の要素として，誘導性であるインダクタンスがあります．これは基板のプリント・パターン，つまり長さのある導体で寄生的に生じる，電磁誘導現象が原因です．この寄生成分を寄生インダクタンスと言います．寄生インダクタンスで，回路内の電流の流れが抑制されます．

ここで説明するインダクタンスは，厳密には自己インダクタンスと呼ばれるものです．しかし，説明の簡潔さを優先して，単に寄生インダクタンスと呼ぶことにします．

寄生インダクタンスの見積もり方

技① 寄生インダクタンスは1mmあたり1nHと考える

プリント・パターンで生じる寄生インダクタンスの大きさを考えてみます．インダクタンスL_P[μH]の計算は，次の計算式を用います[1]．

$$L_P = \ell \times 0.0002 \ [\ln\{2\ell/(W+H)\} \\ + 0.2235\{(W+H)/\ell\} + 0.5] \cdots\cdots (1)$$

ただし，ℓ：配線の長さ[mm]，W：配線の幅[mm]，H：銅はく厚[mm]，μ_r：比透磁率

基板の絶縁体も，配線となる銅も，どちらも比透磁率μ_rはほぼ1です．したがって，寄生インダクタンスの計算は，真空状態と同じように扱えます．

プリント・パターンで生じる寄生抵抗の計算をした，第1章の図1に示した寸法を式(1)に代入してみると，100mmの長さで133nHになります．ここでは，1mmの長さで，約1nHの寄生インダクタンスになるとだけ理解しておけば大丈夫です．

● 寄生インダクタンスも「想定外の要素」になる

寄生インダクタンスによるリアクタンスが回路内にあれば，図1に示すように回路内の交流電流の流れが抑制されます．寄生インダクタンスも，回路図やネットリストには現れない，回路設計者としては想定外のリアクタンスです．

寄生インダクタンスが回路に与える悪影響

寄生インダクタンスL_PによるリアクタンスX_{LP}[Ω]は次式で求まります．

$$X_{LP} = 2\pi f L_P \cdots\cdots\cdots (2)$$

ここで，f：周波数[Hz]，L_P：プリント・パターンで生じる寄生インダクタンス[H]

リアクタンスX_{LP}で電流の流れが制限されます．図2に133nH（100mmのプリント・パターン）のインダクタンスによるリアクタンスの周波数特性を示します．周波数に応じてリアクタンスが大きくなります．つまり高周波信号や，高速に変化するエッジをもつディジタル信号などで，寄生インダクタンスの影響が大きくなり回路が誤動作を起こす可能性があります．

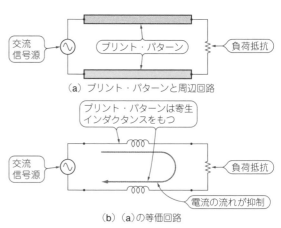

（a）プリント・パターンと周辺回路

（b）（a）の等価回路

図1 回路内の寄生インダクタンスによるリアクタンスで電流の流れが抑制される
高周波電流が流れると寄生インダクタンスの影響が大きくなる

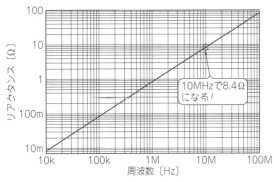

図2　周波数に応じて寄生インダクタンスの影響度が高まる
133nHのインダクタンスによるリアクタンスの周波数特性

技② 寄生インダクタンスの影響が寄生抵抗より大きくなるのは「MHz以上」

寄生インダクタンスL_P＝133 nHと計算された100 mmの長さのプリント・パターンで，10 MHzでのリアクタンスX_{LP}は約8.4 Ωです．周波数10 MHzで電流が100 mA流れると，電圧降下は約840 mVです．

第1章の図1に示したプリント・パターンの寄生抵抗は，120 mΩ（銅はく厚35 μmで計算）でした．しかし，プリント・パターンを流れる電流が高周波のときには，寄生インダクタンスの影響のほうが大きくなります．

技③ リード線も1mmあたり1nHと考える

式(1)から，寄生インダクタンスL_P＝133 nHと求まりました．しかしこの計算を行うことは面倒です．前述したとおり，「幅1 mm程度以下のプリント・パターンの寄生インダクタンスは1 mmあたり1 nH」です．

これを用いれば，実際のプリント基板設計においても，どのくらいのプリント・パターン寸法で，どの程度の寄生インダクタンスの影響が生じるか，ざっくりと見積もりできます．厳密な数字を求める必要はありません．

ざっくりと見積もることにより，回路動作の周波数特性の劣化原因を判断できるようになります．また寄生成分によるノイズが，どの経路でどのように混入(干渉)しているかを予想するなど，基板設計の戦略を練ることができます．

◆参考文献◆
(1) アナログ・デバイセズ著，電子回路技術研究会訳：OPアンプの実装と周辺回路の実用技術，2004年，CQ出版社．

寄生成分

グラウンド

アナログ回路

高速ディジタル

電源回路

第6章

寄生インダクタンスによる性能劣化への対策

石井 聡 Satoru Ishii

前章では，プリント・パターンで生じる寄生インダクタンスの見積り方を説明しました．

本章では寄生インダクタンスが回路動作に与える影響とその低減方法について解説します．

寄生インダクタンスが回路に与える影響

● 例題基板

プリント基板で生じる寄生インダクタンスの影響を調べるために，**写真1**に示す基板を製作しました．

本基板は部品面(L1)だけにプリント・パターンがあります．はんだ面(L2)にはプリント・パターンが一切ありません．L1-L2間で寄生容量が生じると「特性インピーダンス」が形成され，信号の反射などが生じ，回路のふるまいが異なってくるからです．ここでは，寄生インダクタンスの影響だけを確認するため，このような配線構成にしています．

信号源から10Ωの負荷抵抗までは，信号側／グラウンド側，それぞれの配線の長さは100mmです．第5章の式(1)から，寄生インダクタンスは片側のプリント・パターンで133nH，両方で266nHと計算できます．特性変化が明確にわかるように，信号源抵抗は0Ω相当で校正し，負荷抵抗は10Ωという低い抵抗値にしています．

● その1：周波数が高くなると信号が減衰する

寄生インダクタンスの影響を確認してみます．ネットワーク・アナライザを用いて，負荷抵抗に現れる電圧を，信号源からの信号減衰量の周波数特性として測定します．

写真1に示すように，グラウンド側のプリント・パターンでも寄生インダクタンスによる電圧降下が生じるので，**図1**のように差動プローブを用いて，負荷抵抗両端の電圧を測定します．信号源抵抗や負荷抵抗が増加すると，寄生インダクタンスの影響は低減します．この影響は電子回路シミュレータLTspiceなどでも確認できます．

図2に**図1**の測定結果を示します．6.8MHzで−3dB($1/\sqrt{2}$=70.7%に低下)のレベル低下となっており，寄生インダクタンスの影響で，減衰が生じていることがわかります．

● その2：入力容量と寄生インダクタンスの影響でリンギングが発生する

次に**写真1**のドライバ側がCMOSディジタルICで，レシーバ側もCMOS ICの場合を考えてみましょう．この場合はレシーバ側が容量負荷になります．**写真1**

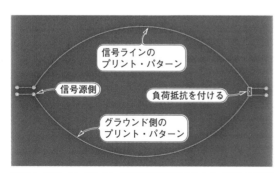

写真1 寄生インダクタンスの影響を確認するためプリント基板を製作した
片側100mmのループである．負荷抵抗は10Ω

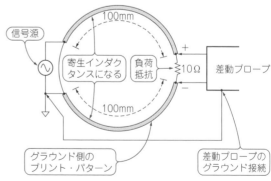

図1 差動プローブを用いてグラウンド側の寄生インダクタンスの影響も含めて測定する方法
抵抗両端の電圧を測定する．信号源側はネットワーク・アナライザで50Ωであるが0Ωで校正する

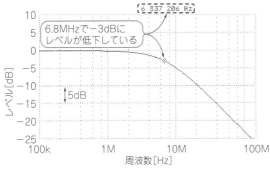

図2 寄生インダクタンスの影響による信号減衰量の周波数特性
6.8 MHz あたりからパターンの寄生インダクタンスの影響が出てくる

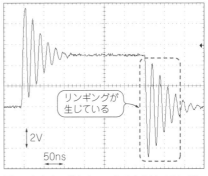

図3 寄生インダクタンスと入力容量でリンギングが生じる

の負荷抵抗10 Ωが接続されていた部分を，CMOS ICの入力容量に相当する5 pFのコンデンサで置き換えてみます．

こうするとプリント・パターンの寄生インダクタンスと，CMOS ICの入力容量に相当するコンデンサで，リンギングが生じます．

リンギングとは，図3に示すように，波形が大きく上下に暴れるようすのことです．この名前はRinging（鳴る）から来ています．

図3からわかるように寄生インダクタンスの影響で，回路設計者が想定していない回路のふるまいが生じています．

寄生インダクタンスの低減方法

技① リンギングはダンピング抵抗を入れて抑える

リンギングを解決するためには，図4に示すように，プリント・パターンに直列に抵抗を挿入します．この抵抗をダンピング抵抗と言います．ダンピング抵抗は回路の応答変動を弱めることで，波形品質の劣化を改善できます．

高速ディジタル信号の場合には，プリント・パターンを伝送線路として扱う「特性インピーダンスと信号の反射」という概念とあわせて，このリンギングについての信号波形変化を考える必要があります．この点からすると，ドライバ側にダンピング抵抗を挿入すると，良好です（近端終端という考え方）．

技② 基本は太く，短く配線する

寄生インダクタンスで生じる問題についても，一番基本的な回避方法は，寄生インダクタンスを小さくすることです．寄生抵抗の場合と同じく，太く／短く基板設計します．第5章の式(1)によりL_Pが低下することからも明らかです．

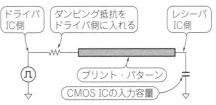

図4 ドライバIC側にダイピング抵抗を入れてリンギングを抑える

寄生成分

グラウンド

アナログ回路

高速ディジタル

電源回路

第7章

磁気的に結合してしまう「寄生相互インダクタンス」

石井 聡 Satoru Ishii

ほかのクロストークの原因…「寄生相互インダクタンス」とは

第5章では単一のプリント・パターンで生じるインダクタンス(自己インダクタンス)について解説しました. しかし, プリント基板上で生じる, 誘導性の寄生成分による影響は,「回路内の電流の流れを抑制する」だけではありません.

2つのプリント・パターン(導体)どうしが, 磁気的に相互作用することで回路間が結合してしまう, 相互インダクタンスという別の重要な要素があります.

これにより, プリント基板上に回路設計者が想定しない寄生成分である, 相互インダクタンス(以降寄生相互インダクタンスと呼ぶ)が生じます.

寄生相互インダクタンスにより, 回路図やネットリストでの結線情報では接続されていない2つのプリント・パターン/回路間が迷結合(想定外の結合)し, クロストークが生じます. クロストーク(漏話)とは, 迷結合により生じるノイズのことです.

本章では, 寄生相互インダクタンスのしくみについて解説します.

寄生相互インダクタンスの影響

技① クロストーク電圧を見積もる

寄生相互インダクタンスで生じる, クロストークの例を図1に示します. プリント・パターンⒶに交流の正弦波電流I[A]が流れると, もう1つの四角いループ状のプリント・パターンⒷにクロストークとなる電圧V_{MP}[V]が生じます. V_{MP}は次式で求められます.

$$V_{MP} = 2 \pi f M_P I \cdots\cdots (1)$$

ここで, f:周波数[Hz], M_P:寄生相互インダクタンス[H]

式(1)からクロストークとなる電圧は, 周波数と寄生相互インダクタンスに比例することがわかります. 高周波信号や高速にエッジが変化するディジタル信号な

どで, 寄生相互インダクタンスの影響, つまりクロストークが大きくなります. 電流Iを源(みなもと)としてクロストークが生じることもわかります.

技② 厳密に値を求めなくてよい

寄生相互インダクタンスM_Pを, 実際の複雑なプリント・パターン形状をもつプリント基板で, 精密に計算することは困難です. プリント・パターン形状ごとでも, いろいろなケースが考えられます. プリント・パターンが単純なループ状になっておらず, ドライバICとレシーバICの間を結線している場合や, ベタ・グラウンドの配置によっても条件が複雑に異なってきます.

そのため厳密に値を求めることは, とくにプリント基板設計で必要な情報としては, ほとんどの場合で意味がありません.

図2に示すシンプルなプリント・パターン寸法を用いて, 寄生相互インダクタンスにより生じるクロストーク電圧V_{MP}の大きさを確認し, 基板設計での基本的な回避方法を説明します.

相互インダクタンスのふるまいは3つの物理則で説明できる

図2に, 寄生相互インダクタンスの影響を調べるた

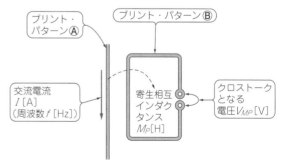

図1 寄生相互インダクタンスもクロストークの原因だ
プリント・パターンⒶに交流の正弦波電流が流れると, ループ状パターンⒷにクロストークが発生する

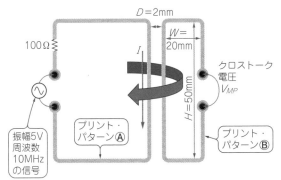

図2 寄生相互インダクタンスを計算で求めてみよう！
寄生相互インダクタンスの影響だけを確認するため，部品面だけにプリント・パターンを配置している

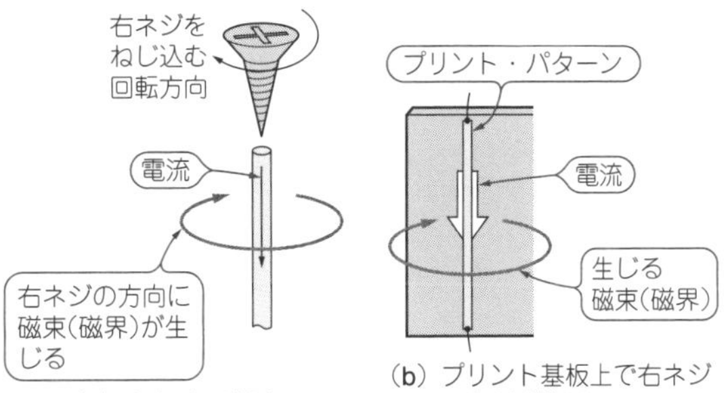

図3 プリント基板上では右ネジの法則がそのまま生じている

（a）右ネジの法則
（b）プリント基板上で右ネジの法則が生じる

めのプリント・パターンを示します．本基板は，部品面（L1）だけにプリント・パターンがあり，はんだ面（L2）にはありません．L1-L2間で寄生容量が生じると，回路動作のふるまいが異なるからです．ここでは，寄生相互インダクタンスの影響だけを確認するため，このような基板にしています．

■ 物理則① 右ネジの法則

右ネジの法則を物理の授業で習った記憶があると思います．右ネジの法則は図3のように，流れる電流に対して右ネジをねじ込む回転方向に磁束（磁界）が生じるというものです．プリント基板上でもこの物理則がそのまま生じています．

プリント基板設計で右ネジの法則を活用するポイントは，「右に」という向きではなく，次のように磁束（磁界）の流れるようすです．

この考え方を用いて，クロストークとなる電圧量や寄生相互インダクタンスの大きさを計算してみます．

右ネジの法則だなんて，なんだか難しい物理則が出てきたなという人もいると思います．本章では物理則

というコンセプトから数式を示しますが，ゴールとして「このくらいのクロストークや寄生相互インダクタンスになるのだ」がイメージできれば，難しい理論がわからなくても問題ありません．

■ 物理則② アンペアの周回積分の法則

アンペアの周回積分の法則は，「磁界の強さを1周ぶん合算したものは電流量になる」というものです（図4）．プリント基板上でもこの物理則がそのまま生じています．

アンペアの周回積分の法則を変形することで，生じる磁束密度B[T（テスラ）]または[Wb/m²]を，次式を用いて計算できます．

$$B = \mu_r \mu_0 \frac{1}{2 \pi r} \cdots\cdots\cdots (2)$$

ここで，I：プリント・パターンⒶに流れる正弦波電流[A]，r：プリント・パターンⒶから磁束密度Bを求める点までの距離[m]，μ_0：真空の透磁率[H/m]，μ_r：比透磁率（ここでは1）

磁束密度は，単位面積あたりの磁束量を表します．

column:01 **やっぱり寄生成分は減らさなきゃ…発生した電流による電圧降下**

石井 聡

図2ではループ状のプリント・パターンⒷは，出力端子が開放（オープン）になっていました．実際の回路ではループは閉回路であり，プリント・パターンと電子部品や回路が接続されています．

この場合の閉ループを流れる電流量I[A]は，クロストークとなる起電力V_{MP}[V]と，閉回路内のインピーダンスZ[Ω]から決まります．インピーダンスZには，ループ状のプリント・パターンⒷの寄生

抵抗や自己・相互インダクタンスが含まれます．

ループ状のプリント・パターンの寄生相互インダクタンスによって，「起電力だけ」ではなく，電流も発生します．この電流とインピーダンスZにより想定外の電圧降下が発生します．したがって，寄生する抵抗や自己/相互インダクタンスは低減させる必要があります．

図4　電子回路だけでなく，プリント基板においてもアンペアの周回積分の法則が成り立つのだ

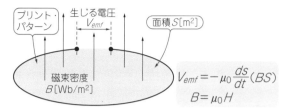

図5　電子回路だけでなく，プリント基板においてもファラデーの電磁誘導の法則が成り立つ

前章までで解説しましたが，基板の絶縁体もプリント・パターンとなる銅も，$\mu_r = 1$として取り扱うことができます．式(2)を覚える必要はありません．プリント基板設計で活用するポイントは，次を覚えておくだけでよいです．

本ポイントは，プリント基板設計のかなりの場面での寄生相互インダクタンスによる問題に対処できます．

■ 物理則③ ファラデーの電磁誘導の法則

ファラデーの電磁誘導の法則で，クロストーク電圧量や寄生相互インダクタンスの計算まで到達してみます．

ファラデーの電磁誘導の法則の概念を，図5に示します．前述の法則と同様にプリント基板上でこの物理則がそのまま生じています．

図5のようなプリント・パターン配置で，ループ状パターンⒷに生じる電圧量V_{emf}[V]は次式で求まります．

$$V_{emf} = \frac{d}{dt}(BS) \cdots\cdots\cdots\cdots\cdots\cdots (3)$$

ここで，S：図2でのループ状パターンⒷの面積[m^2]，B：式(2)の磁束密度[T]，d/dt：微分演算を意味する．ここでは磁束密度Bの変化量．プリント・パターンなので，ループ数は1重と考えている

電圧量V_{emf}がクロストーク電圧量です．これを誘起電圧または起電力といいます．誘起は誘導により生じるという意味です．起電力の電力という用語は，電圧を指します．

BSにより，磁束密度Bが面積Sを通る（電磁気学的には鎖交すると呼ぶ）全体量を表します．微分演算で磁束密度の変化量も得ますが，元をたどれば，式(1)の電流Iの変化量をなります．

式(3)も覚える必要はありません．プリント基板設計で活用するポイントは，前述した「ループ状パターンⒷの面積Sが広く，プリント・パターンⒶの電流I（磁束）が大きく，変化量が高速なとき，クロストークが大きくなる」ことです．

寄生容量や寄生（自己）インダクタンスと同じように，寄生相互インダクタンスも高周波信号，高速に変化するエッジをもつディジタル信号などが干渉源だと，クロストークが大きくなります．

寄生相互インダクタンスとその影響度を計算してみる

プリント・パターンⒷのループ内では，その各部で，磁束密度Bの大きさは，電流Iの流れているプリント・パターンⒶからの距離の関数で異なります．これはアンペアの周回積分の法則の式(2)のとおり，距離rに反比例して，磁束密度Bが低下するからです．

そのためファラデーの電磁誘導の法則の概念的な式(3)は，図2に直接適用できません．クロストーク電圧V_{emf}[V]を得るため，積分のかたちで求めることができます．

$$V_{emf} = f\mu_r\mu_0 IH \int_{D}^{D+W} \frac{1}{x}dx \cdots\cdots\cdots\cdots (4)$$

ここで，f：周波数[Hz]，μ_0：真空の透磁率[H/m]，μ_r：比透磁率（ここでは1），I：プリント・パターンⒶに流れている正弦波電流量[A]，H，D，W：図2の各部の寸法[m]

式(4)の計算結果だけを示すと次のとおりです．

$$V_{emf} = f\mu_r\mu_0 IH \ln\frac{D+W}{D} \cdots\cdots\cdots\cdots (5)$$

ここで，$\mu_r = 1$

これが図2の左側のプリント・パターンⒶに周波数fの正弦波電流Iが流れることで，ループ状パターンⒷに生じるクロストーク電圧V_{emf}です．式(5)を用いることで，寄生相互インダクタンスM_P[H]も次式のとおり，求めることができます．

$$M_P = \frac{1}{2\pi}\mu_r\mu_0 H \ln\frac{D+W}{D} \cdots\cdots\cdots\cdots (6)$$

クロストーク電圧の式(5)を用いて，図2のプリント・パターン寸法で生じるクロストーク電圧V_{MP}と，寄生相互インダクタンスM_Pの大きさを計算してみます．

図2の寸法と，周波数$f = 10$ MHz，電流量$I = 50$ mAピークを式(5)に代入すると，クロストーク電圧は75 mVピークになります．寄生相互インダクタ

ンス M_P は式(6)から24 nHです.

図2に示したプリント・パターン配置を利用して,寄生相互インダクタンスで生じるクロストーク電圧の大きさが式(5)からわかりました.ほかのレイアウト寸法の基板でも,どのくらいのプリント・パターン寸法であるとか,流れる電流の周波数/大きさにおいて,寄生相互インダクタンスによるどの程度のクロストーク電圧が生じるかを,式(5)でRule of thumbとしてざっくりと見積もりできます.

寄生相互インダクタンスを減らす基本方針

式(5)からわかる,一番基本的な寄生相互インダクタンスの低減方法として,次のことを覚えておけばよいです.

- プリント・パターンを離す
- ループ状プリント・パターンの面積を小さくする

技③ 大電流の回路から微小電流の回路を離す

寄生相互インダクタンスによる起電力は電流の変化を源としています.そのため目的の微小電流の流れる

プリント・パターンの近くに大電流の回路があると生じる起電力が大きく,問題になりがちです.式(5)からもわかるように,起電力は電流量に比例し,距離 r に反比例します.大電流回路の電流量を減らせないのであれば,できるだけ大電流回路から微小電流の回路(プリント・パターン)を離すことです.

技④ プリント・パターンの並走する長さを短くする

コラム02で示したように,高校の物理で習ったレンツの法則がプリント基板上で生じます.これも相互寄生インダクタンスのしくみと同じものです.プリント・パターンの並走する長さを短くすることで,相互寄生インダクタンスが低減します.また並走する間隔をできるだけ広げることもポイントです.これによりクロストークの発生を軽減できます.

*　　　*　　　*

本章で説明したとおり厳密な数字を求めなくてもよいです.ざっくりとわかることで,プリント基板設計の戦略を練ることができます.

迷結合(クロストーク)自体の他の低減方法は,あらためて第8章で解説します.

---

column 02 寄生相互インダクタンスによるクロストークは高校の物理で説明できる

石井 聡

高校の物理でレンツの法則を習ったと思います.レンツの法則というのは「周辺磁界の変動に対して,その変動を打ち消す磁界が発生するように電流が誘

起して流れる」というものでした.これがそのまま図Aのように,並走するプリント・パターン間のクロストークの関係としても成立しています.

図Aの上側のプリント・パターンに変動電流が流れており,それにより変動磁界が生じています.この変動磁界が下側のプリント・パターン周辺を通過します.そうすると,回路図やネットリストでの結線情報では接続されていない下側のプリント・パターンに,変動磁界を打ち消すように,クロストーク電流が誘起して流れます.これがプリント基板上でのレンツの法則の動きです.原理は寄生相互インダクタンスと同じです.これでも迷結合が発生し,クロストークが生じてしまいます.

対策はプリント・パターンの並走する長さを短くする,並走する間隔をできるだけ広げることです.

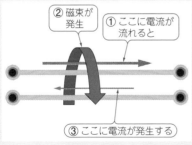

① ここに電流が流れると
② 磁束が発生
③ ここに電流が発生する

図A レンツの法則を考えると,並走するプリント・パターンにクロストーク電流が生じることがわかる

第8章

寄生相互インダクタンスが回路に与える悪影響

石井 聡 Satoru Ishii

本章では実際にプリント基板を製作して，寄生相互インダクタンスが回路動作に影響を与えるようすを実験でみてみます．

実験の条件

● 例題

写真1に，寄生相互インダクタンスの実験用に製作したプリント基板を示します．プリント・パターンⒶには10 MHz，50 mAピークの交流正弦波電流が流れています．ループ状のプリント・パターンⒷの出力端子は開放しており，200 kΩの入力抵抗をもつ差動プローブを接続して測定します．

図1に写真1の測定結果を示します．プリント・パターンⒶに流れる電流変化に応じてループ状のプリント・パターンⒷに，第7章の計算結果に近い52 mVのクロストーク（起電力）が生じていることがわかります．

● クロストーク低減の4つの戦略

寄生相互インダクタンスによるクロストークを低減させる方法を第7章の式(4)で考えてみます．干渉源側のプリント・パターンⒶの電流量Iと周波数fに比例して，クロストークが大きくなることから，次のことがわかります．

(1) パターンⒶに流れる電流を小さくする
(2) パターンⒶの電流の変化速度を低下させる

第7章で説明したように，寄生相互インダクタンス自体を低くするには，次のようにします．

(3) パターンⒶとループ状パターンⒷを離隔する
(4) ループ状パターンⒷの面積を小さくする

(1)，(2)は回路設計で決まるためプリント基板設計だけの対策では，対応が難しいでしょう．それでもまずは(1)と(2)の実験をしてみましょう．

寄生相互インダクタンスの影響を実験で確かめる

■ 干渉源側の電流量を1/10にするとクロストーク電圧は1/10になる

(1)パターンⒶに流れる電流を小さくする実験を行います．第7章の式(4)のクロストークとなる起電力V_{emf}は，プリント・パターンⒶ（干渉源側）の電流量Iに比例しています．そこで電流量Iを1/10の5 mAに低減して，クロストークの変化を実験してみます．

結果を**図2**に示します．**図1**と比べると，第7章の

ループ状のプリント・パターンⒷの出力端子は開放し，200kΩの入力抵抗をもつ差動プローブを接続して測定する

プリント・パターンⒶ

写真1　寄生相互インダクタンスの影響を確認するため製作したプリント基板
プリント・パターンⒶに流れる電流の大きさや周波数を変化させてクロストークを確認するプリント・パターン寸法は第7章の図2と同じ

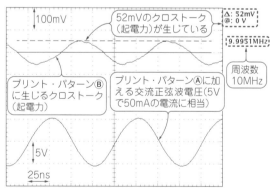

100mV

52mVのクロストーク（起電力）が生じている

Δ: 52mV
@: 0 V

9.9951MHz

周波数
10MHz

プリント・パターンⒷに生じるクロストーク（起電力）

プリント・パターンⒶに加える交流正弦波電圧（5Vで50mAの電流に相当）

5V

25ns

図1　プリント・パターンⒶに流れる電流に応じてループ状パターンⒷにクロストークが発生する
写真1の基板のプリント・パターンⒶに10 MHz，50 mAピークの電流を流してループ状のプリント・パターンⒷ側のクロストーク電圧を測ってみた．10回のアベレージングを行っている

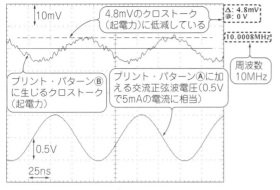

図2 プリント・パターンⒶに流れる電流が1/10になると，図1に比べクロストーク電圧が約1/10になる
プリント・パターンⒶの電流量を5mAにしてループ状パターンⒷのクロストークを測定してみた．10回のアベレージングを行っている

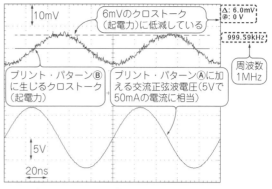

図3 プリント・パターンⒶに流れる電流の周波数が1/10になると，図1に比べクロストーク電圧が約1/10になる
プリント・パターンⒶに流れる電流の周波数を1MHzにしてループ状パターンⒷのクロストークを測定してみた．10回のアベレージングを行っている．電流は50mA

式(4)のとおりクロストークが4.8 mVになり，約1/10に低減しています．電流Iを少なくすれば，起電力V_{emf}が低下し，クロストークが低減できます．

■ 電流の周波数を1/10にするとクロストーク電圧は1/10になる

(2)パターンⒶの電流の変化速度を低下させる実験を行います．クロストークは**写真1**のパターンⒶに流れる電流の周波数fに比例しています．そこで周波数fを1/10の1 MHzに低減して(電流は50 mA)，クロストークの変化を実験してみます．

結果を**図3**に示します．**図1**と比べるとクロストークが6.0 mVになり，ここでも約1/10に低減していることがわかります．電流の周波数を低くすれば，それによりクロストークを低減できるわけです．

ループ状パターンの寸法を変更してさらに実験してみる

(3)と(4)のプリント・パターンによる影響を確認するため，ループ状パターンⒷ相当部分の寸法を**図4**のように変更して，クロストークがどうなるかを第7章の式(4)で計算してみます．**図4**はループ状のパターンⒷを次のように変更しています．

- 電流の流れるパターンⒶから離隔
- ループ状のパターンⒷ自体の面積を縮小

この条件で，寄生相互インダクタンスで生じるクロストーク電圧V_{emf}の大きさを周波数f = 10 MHzで計算してみると，**写真1**のパターンで75 mVが19 mVになります．しかし離隔したわりには，思ったほどの対策にはなっていません．これは第7章の式(4)～(6)を見てもわかるように，寸法D, Wはクロストーク低減には対数での影響度となり，てきめんと言える成果が出ないからです．それでも離隔して面積を縮小する

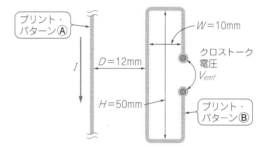

図4 寸法を変えてループ状のプリント・パターンⒷのクロストーク電圧を計算してみる

という方法があることは覚えておいてください．

一方，式(4)～(6)で，ループ状のプリント・パターンⒷの高さHは，直接クロストーク電圧に比例していることに気がつきます．つまりプリント・パターンⒶと並走する長さ(ここでは高さH)を短くすれば，クロストーク低減には効果的ということです．

● 実験結果

戦略(3)と(4)のプリント・パターンによる影響を実験で確認してみます．**写真2**に実験のようすを示します．この実験では**写真1**のプリント・パターンⒶ部分だけを用います．ループ状のⒷの部分はプリント・パターンを剥ぎ取ります．

写真2に示すようにラッピング・ワイヤを加工してプリント・パターンⒷの部分を模擬します．プリント・パターンⒷの寸法を3種類に変えて，クロストーク電圧を測定します．用意した3種類のラッピング・ワイヤの寸法を**図5**に示します．**写真1**のプリント基板と同じ条件も実現できます．本基板を利用して，ループ状のプリント・パターンⒷ隔離する/面積を縮小する実験をしてみます．

結果を**表1**に示します．一番広いループ面積(**写真1**

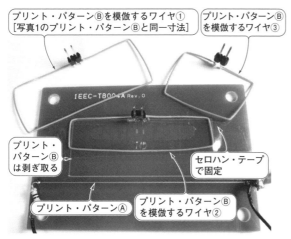

プリント・パターンⒷを模倣するワイヤ①
[写真1のプリント・パターンⒷと同一寸法]

プリント・パターンⒷを模倣するワイヤ③

プリント・パターンⒷは剥ぎ取る

セロハン・テープで固定

プリント・パターンⒶ

プリント・パターンⒷを模倣するワイヤ②

写真2 ループ状のプリント・パターンⒷの寸法を変化させて実験する
ラッピング・ワイヤを加工してプリント・パターンⒷの部分を模倣する

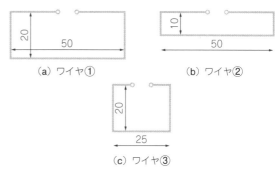

(a) ワイヤ①

(b) ワイヤ②

(c) ワイヤ③

図5 ループ状のプリント・パターンⒷを模倣し加工したラッピング・ワイヤの3種類の寸法
プリント・パターンⒷを隔離したり面積を縮小したりする．(a)は写真1のプリント・パターンⒷと同一寸法である

の条件)の結果と比べると，クロストークが低減しています．離隔距離を広げても低減しています．ループ状のパターンⒷの高さH，つまりパターンⒶと並走する幅を小さくすることが，クロストーク低減には効果的なのです．

寄生相互インダクタンスを低減する方法として，磁気シールドというやり方がありますが，プリント基板上でこの対策は，あまり一般的ではありません．変化する磁束(干渉源側の電流)が高周波になれば，一般の金属シールド・ケースでも磁気シールド効果が得られ，差動信号伝送を応用するとクロストーク電圧の大幅な軽減もできます．

表1 広いループ面積(写真1の条件)の結果と比べると，クロストークが低減している
寸法を変えてクロストーク電圧を低減するようすを実験した結果

ワイヤ種類	寸法	プリント・パターンⒶからの離隔距離	クロストーク電圧
ワイヤ①	50 mm×20 mm	2 mm (写真1と同じ)	54.8 mV
		12 mm	15.0 mV
ワイヤ②	50 mm×10 mm	2 mm	41.6 mV
		12 mm	11.8 mV
ワイヤ③	25 mm×20 mm	2 mm	25.2 mV
		12 mm	7.0 mV

◆参考文献◆
(1) P板.com，https://www.p-ban.com/

column：01 磁束キャンセル技「差動伝送」

石井 聡

差動信号伝送は，1つの信号をプラスとマイナスの逆極性の2信号で伝送する技術です．

逆極性である1対のプリント・パターンそれぞれから電磁放射が発生すると考えてみましょう．**図A**のようにプリント・パターン近傍の空間のある点Ⓐにおいて，電磁放射がキャンセルされて低減し，迷結合やEMI(Electro Magnetic Interference)が軽減します．逆極性の電流が流れている1対のプリント・パターンそれぞれからの影響度が逆方向に働くからです．

電界についても，1対のプリント・パターンには逆極性の電圧が加わっているので，点Ⓐにおいて電界がキャンセルされます．それぞれのプリント・パターンから発生する逆極性の電界/磁界が，それぞれ打ち消されるしくみです．

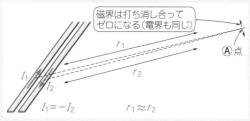

磁界は打ち消し合ってゼロになる(電界も同じ)

r_1

r_2

Ⓐ点

I_1

I_2

$I_1=-I_2$　　$r_1 \approx r_2$

図A プリント・パターン上の迷結合や電磁放射がキャンセルされるしくみ
放射が少ないとは受動も少ないこと

第9章

寄生相互インダクタンスによる
性能劣化への対策

石井 聡 Satoru Ishii

第8章で，寄生相互インダクタンスによるクロストークを低減するには，4つの戦略があると説明しました．その内容を再掲すると次のとおりです．
(1) 干渉源側のパターンに流れる電流を小さくする
(2) 干渉源側のパターンの電流変化速度を低下
(3) 電流の流れる配線とループになるパターンの離隔
(4) ループとなるパターンの面積を小さくする

本章では，実際にこれらの考え方を応用し，寄生相互インダクタンスによる迷結合を低減するための実用的なテクニックを解説します．

● 例題基板

図1(a)にクロストーク対策前のプリント・パターンを示します．上半分がアナログ信号経路で，微小信号源から負荷に向かって，広いループとなるプリント・パターンが形成されています．下半分はディジタル信号経路で，矩形波のディジタル信号を出力するドライバIC側から負荷に向かって，広いループとなるプリント・パターンが形成されています．

また本基板は，L1(部品面)だけにプリント・パタ

ーンがあり，L2(はんだ面)にはありません．L1-L2間で寄生容量が生じると，回路のふるまいが異なってくるからです．ここでは，寄生相互インダクタンスの影響だけを確認するため，このようにしています．

第8章での同様な実験では，干渉源は交流の正弦波としていました．本章ではディジタル信号を干渉源として実験をしてみます．このケースでは，寄生相互インダクタンスによる迷結合がとても大きくなり，干渉源のディジタル信号側からアナログ信号側へ，クロストークが生じます．

プリント・パターンで クロストークを減らす

クロストークの原因を寄生相互インダクタンスに絞って，その解決方法を考えると，次の対策を実施，または図1(b)のように変更することで，迷結合を軽減できます．

まずはそれぞれのプリント・パターン間の距離を離隔します．そのほかの対策は次のとおりです．

図1 寄生相互インダクタンスを小さくするには，プリント・パターン間を離隔し，ループとなる面積を小さくする
(a)は2つの経路間のプリント・パターンが近く，ループ面積が広い．(b)はプリント・パターンを離隔し，ループ面積が小さくなるよう改善している．CMOS ICの入力容量は5pF，周波数は33MHz，寄生相互インダクタンスは21.4nHを想定

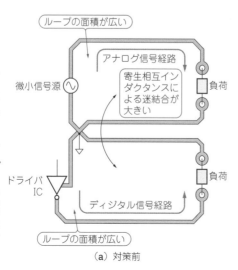

(a) 対策前

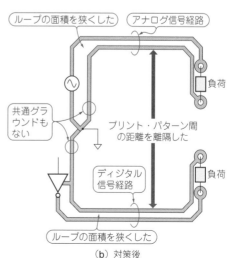

(b) 対策後

技① アナログ回路側のパターンのループ面積を狭くする

第7章で説明したファラデーの電磁誘導の法則のとおり，クロストーク電圧量は，磁束が鎖交する面積に比例します．プリント・パターンだけでクロストーク電圧量の低減を図りたいときは，磁束が鎖交する面積を狭くします．そのため，クロストークを受ける側のアナログ回路のプリント・パターンを狭くすることが対策となります．

技② アナログ信号とディジタル信号の配線パターンはできるだけ直交に

第7章で説明した右ネジの法則により，プリント・パターンに流れる電流の方向に対して，周囲を回転するように磁界が生じます．またレンツの法則として「周辺磁界の変動に対して，その変動を打ち消す磁界が発生するように電流が誘起して流れる」と説明しました．プリント・パターンどうしを直交に配置すれば，相手方から受ける変動磁界がなくなります．これにより電流が誘起しないので，迷結合も回避することができます．

● 効果が限定的なこともある

第7章の式（4）や第8章で示したように，パターンを離隔し面積を小さくすることでのクロストークの低減度も限定的です．寄生容量と同様に，非常に微小な振幅を扱う回路や，動作インピーダンスが高いアナログ信号では効果が限定的なので，留意してください．

このような基板を作るときは，第15章で説明するガード・リングを用意するとか，シールド・ケースで周囲から隔離するという方法が採られます．

回路設計でもクロストークを減らす

冒頭で示した4つの戦略のうち，回路設計からのアプローチである，（1）と（2）による対策を説明します．

技③ ディジタル信号の変化による瞬時電流を考える

ディジタル信号の立ち上がり/立ち下がりの変化は非常に急峻です．急峻なエッジ変化でレシーバ側のCMOS ICの入力容量C_{in}[F]を充電するため，プリント・パターンに大きな瞬時電流が流れ，クロストークが発生します．

まずはこの瞬時電流I[A]を考えてみましょう．ディジタル信号の変化レベルをV[V]，エッジ変化の時間（簡単にするため，直線で変化すると考える）をt_t[s]とすると，次式で求まります．

$$I = \frac{C_{in} V}{t_t} \cdots\cdots\cdots\cdots\cdots\cdots (1)$$

$V = 5$ V，$C_{in} = 5$ pF，$t_t = 2$ nsのときの電流量は12.5 mAに達します．例えば，ディジタル・バッファがn個，同時にスイッチングしたときは，電流量はこのn倍になります．

技④ ディジタル・ドライバICの出力に抵抗を直列に挿入する

図1（a）に示す回路の寄生相互インダクタンスと，それぞれのプリント・パターンの寄生インピーダンスをモデル化した図2（LTspice用のシミュレーション回路）を用いて，そのようすと対策を考えてみます．

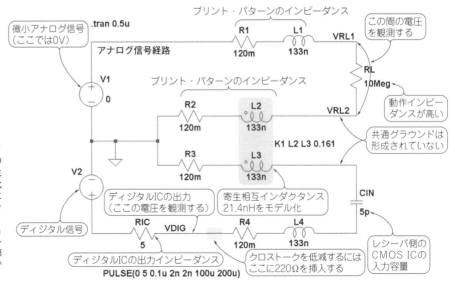

図2　図1（a）の寄生相互インダクタンスとそれぞれのプリント・パターンの寄生インピーダンスをモデル化し，アナログ信号経路側に生じるディジタル信号のクロストークをみてみる
LTspiceでのシミュレーション回路．プリント・パターンの寄生量に相当する定数は第8章の図1などの条件を用いた

図2のシミュレーション結果を図3に示します．対策を施していないとき，動作インピーダンスが高いアナログ信号経路側に，ディジタル信号のクロストークが生じています．

信号のエッジをそれほど急峻にする必要がないときがあります．そこで直列に抵抗を挿入し，入力容量C_{in}とで時定数回路を構成します．これでエッジ変化を抑え，C_{in}の充電電流量を軽減できます．

ここでもざっくりと，直列挿入する抵抗Rを計算してみると，次式のとおりです．

$$R < 0.1 \frac{1}{C_{in} f_{clk}} \cdots\cdots\cdots\cdots\cdots\cdots (2)$$

ここで，C_{in}：レシーバ側のCMOS ICの入力容量 [F]，f_{clk}：ディジタル信号を作るクロック周波数 [Hz]

実際の抵抗値としたとき，$10 \sim 470\,\Omega$の間です．この検討に前述の式(1)の電流量も踏まえてみるとよいでしょう．図2のディジタル・ドライバIC出力に$R = 220\,\Omega$を挿入してシミュレーションしてみた結果を図4に示します．ディジタル信号のエッジがなだらかになり，図3でアナログ信号経路側に見えていたディジタル信号のクロストークが低減しています．

ジッタ許容度など，ディジタル信号のタイミング仕様が厳しいときには，挿入する抵抗値をさらに小さくする必要がありますし，抵抗を挿入できないケースもあるでしょう．

素子配置とパターン設計だけでは，迷結合を防止できないときの対策

技⑤ 同軸ケーブルとコネクタも使ってみる

基板設計だけでノイズを解決できないときは，同軸ケーブルを使って基板をレイアウトすることも考慮すべきです．図5は同軸ケーブルを用いて，微小信号のアナログ回路出力を，基板上の異なる位置に伝送する方法です．

シールドされた同軸ケーブルを用いることで，外来ノイズを低減し，安定したアナログ信号伝送が実現できます．

技⑥ 同軸ケーブルは低い周波数では寄生容量に見える

図5のように同軸ケーブルは，100 kHz以下の周波数では寄生容量に見えます．

同軸ケーブルは1 mで約100 pFの容量があります．ケーブルが長いと，それをOPアンプ回路で駆動したり受けたりするとき，回路構成しだいでは同軸ケーブルの寄生容量でアンプが異常発振することがあります．本原理はOPアンプ回路の参考書などで容量による異常発振という説明があるので，そちらを参考にしてください．

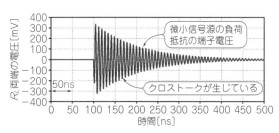

（a）VRL1とVRL2の間の電圧

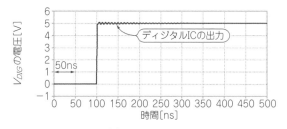

（b）VDIGの電圧

図3 図2のシミュレーション結果
アナログ信号経路側に，ディジタル信号のクロストークが生じる

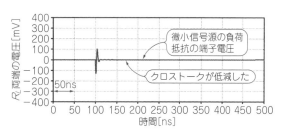

（a）VRL1とVRL2の間の電圧

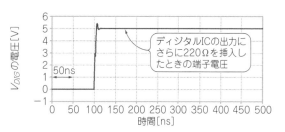

（b）VDIGの電圧

図4 図3のアナログ信号経路側で見えていたディジタル信号のクロストークが低減する
図2の回路に対して直列に$R = 220\,\Omega$を挿入してシミュレーションしてみた

寄生成分

グラウンド

アナログ回路

高速ディジタル

電源回路

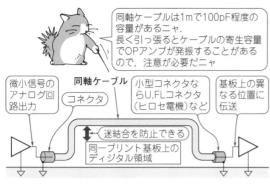

図5　同軸ケーブルで微小信号のアナログ回路出力を基板上の異なる位置に伝送する例
同軸ケーブルは低い周波数では寄生容量に見える

技⑦ ケーブルをたたくと生じるノイズを対策した「低雑音ケーブル」を使う

絶縁体には圧電効果があります．絶縁体に圧力を加えると，電圧が発生するというものです．圧力が変化すれば電圧も変化し，これがノイズになります．

同軸ケーブルの絶縁体でも圧電効果が生じます．ケーブルを振動させるとノイズが発生することがあります．オーディオ・アンプなどで聞く話ですが，微小信号を伝送するシールド（同軸）ケーブルをトントンとたたくと，それに合わせてアンプ出力でボンボンというような異音がすることがあります．これが圧電効果によるノイズです．

このような異音がするだけではなく，微小信号の場合では，ノイズが乗ることで精度やSNRが低下します．

本問題を対策した低雑音ケーブルが市販されています．外来ノイズを抑えるために微小信号を同軸ケーブルで伝送したいときに，機械的振動が同軸ケーブルに加わるというときは，低雑音ケーブルについてケーブル・メーカに問い合わせてみてください．

技⑧ 電磁誘導がキャンセルされノイズが抑えられるツイストペア・ケーブルを使う

シールド効果は同軸ケーブルよりも低くはなりますが，2本の電線を単に捻ったツイストペア（より対線）・ケーブルも，信号伝送で外来ノイズを抑える効果をもちます．ツイストペア・ケーブルというと，なんだか本格的かつ特殊なケーブルを想像するかもしれませんが，実際は2本の電線を単に捻っただけのものです．ツイストペア・ケーブルが外来ノイズを抑えるしくみを図6に示します．

図6では2本の電線は等間隔で捻じられています．ひと捻じりされた部分に，変動する外来磁界が通過（これを電磁気学的には鎖交すると呼ぶ）したことを考えてみます．

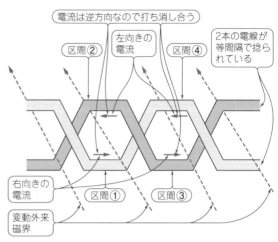

図6　ツイストペア・ケーブルが外来ノイズを抑えるしくみ
①と④の区間で発生した電流は逆方向になっており，それぞれの電流は打ち消しあう

図6には第7章で示したように，ファラデーの電磁誘導の法則で電圧が発生します．その電圧により電流が流れ，図中のひと捻じりされた短い区間①では右向きの方向で電流が発生し，短い区間②では左向きの方向で発生します．その隣をみると，①の導体側である区間④では左向きの方向に，②の導体側である区間③では右向きの方向にそれぞれ電流が発生します．

ここで区間①と区間④をそれぞれ足し算で考えてみると，①と④の区間で発生した電流は逆方向になっており，それぞれの電流は打ち消しあいます．②と③の区間も同じです．

ひと捻じりされた短い区間で構成される，磁界が通過できる面積は非常に狭くなるため，鎖交磁束量自体も少なくなるというメリットもあります．

その結果，繰り返し捻じられたツイストペア・ケー

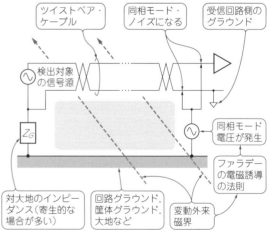

図7　大地などとツイストペア・ケーブルで形成されるループで同相モード電圧が発生しノイズになる
ツイストペア・ケーブルはシールド効果がない

column>01 ノイズに差！ コイルどうしも直交させて実装する

石井 聡

● ノイズの原因

　実際のコイルの実装でも，想定外の寄生相互インダクタンスが生じます．

　写真Aは2つの空芯コイル（インダクタ）を並列に並べて配置したようすです．このようにしてコイルⒶに交流電流を流すと，高校の物理で習った「右手親指の法則」により，コイルⒶの空芯の方向に磁界が発生します．この磁界は隣のコイルⒷの空芯と鎖交し，Ⓑにファラデーの電磁誘導の法則で電圧が発生します．隣のコイルⒷからすると，これはノイズです．このように想定外の寄生相互インダクタンスが形成されるとノイズが生じます．

● コイルどうしは直交させて実装することでノイズを低減する

　この対策は，**写真B**に示すように，2つの空芯コイル（インダクタ）を直交させて配置することです．

こうすると1つのコイルの磁界が，隣のコイルの空芯と鎖交しなくなり，ノイズを低減できます．

　本技法は，昔のプリント基板設計（とくに無線通信機器やラジオ）では，たくさん活用されていました．最近ではチップ・インダクタがほとんどなので，忘れ去られているものと思います．しかし，チップ・インダクタも物理法則としては同じなので，ノイズが発生します．そのため**写真C**に示すように，直交して配置します．

　チップ・インダクタは，横巻きに巻き線を巻いてあるタイプと，平面上に巻いてあるタイプ（積層構造で製造されるものなど）があります．平面上に巻き線を巻いてあるタイプは，本テクニックは有効ではありません．並列に並べても，直交させても相手方のチップ・インダクタに鎖交する磁界の量は変化しないからです．

写真A　2つの空芯コイル（インダクタ）を並列に並べて配置した　寄生相互インダクタンスにより想定外のノイズが発生する

写真B　ノイズを低減するには2つのインダクタを直交させて配置する

写真C　チップ・インダクタでも考え方は写真Bと同じである　横巻きしてある巻き線タイプの場合に対応できる

ブル全体においては，変動外来磁界から発生するノイズを抑えることができます．

　ツイストペア・ケーブルはシールドされていないので，シールド効果がありません．そのため同軸ケーブルと比較して，外来ノイズを抑える効果は限定的です．

● 同相モード・ノイズに対してはツイストペア・ケーブルは効果がない

　ツイストペア・ケーブルで，短い区間ごとに電流がキャンセルされるのは，変動外来磁界のうち，ひと捻じりされた面積内を通過する量だけです．

　図7に示すように，回路グラウンド/筐体グラウンド/大地などと，ツイストペア・ケーブルで形成される大きなループ中を，変動外来磁界が通過することを考えます．このとき，ツイストペア・ケーブルの2本それぞれの電線には，ファラデーの電磁誘導の法則で同じ極性の電圧，つまり同相モード電圧が発生（誘起）します．

　これが同相モード・ノイズとなり，精度やSNRが劣化します．同相モード・ノイズにはツイストペア・ケーブルは役に立ちません．

第10章

寄生成分をふまえた
パスコンの適切な実装

石井 聡 Satoru Ishii

本章では単純な物理則，つまり抵抗性/容量性/誘導性の要素という視点で，電子回路やプリント基板設計の基本といえる，コンデンサを用いた電源バイパスについて，その必要性と有効性を解説します．

バイパス（bypass）は，電源とグラウンド間にコンデンサを接続することで，交流電流の経路をコンデンサに迂回させるという意味です．プリント基板上に抵抗性/容量性/誘導性の寄生成分が存在するので必要になります．プリント基板の設計を考えるうえで，コンデンサを用いた電源バイパスは，目的の性能を実現するため非常に重要な手段です．

本テクニックは，ミックスド・シグナル・プリント基板でのディジタル回路からアナログ回路へのノイズ混入対策，アナログ・プリント基板の信号波形のひずみ発生の抑制，高速ディジタル・プリント基板上のFPGAへの電源安定供給などに活用できます．

プリント基板には電源の安定供給を妨げる部品が寄生している

● 理想の電源回路…プリント基板レスで寄生成分ゼロ

図1にシンプルな電源回路モデルを示します．回路中のICは，ディジタルICでも，RFアナログICでも，高速に信号が変化するものなら何でも構いません．ICの消費電流が高速に変動するものだと考えてください．

図1(a)には，出力インピーダンスが0Ωの理想的な電源回路があります．この電源回路とICの電源端子を接続するプリント・パターンも「寄生抵抗や寄生インダクタンス（寄生インピーダンス）が0Ω」の理想的なモデルです．ICの消費電流が時間で高速に変動しても，ICの電源端子に加わる電圧は一定のままです．電源回路からICまでは，電圧降下を生じさせる要素（寄生インピーダンス）がないからです．

● 現実の電源回路…プリント基板の寄生成分によるインピーダンスが存在する

図1(b)に，寄生抵抗/寄生インダクタンスを含めた，現実のプリント基板上の回路に相当するモデルを示します．電源回路には，ある大きさの出力抵抗R_Sがあります．図1(b)ではシンプルにするため，抵抗要素だけで示しています．

電源回路の出力抵抗の上昇は，電源回路内部の寄生インダクタンスによる影響があります．しかし，電源の基本回路構成である負帰還動作で，動作周波数が上昇してくるとループ・ゲインが低下することが出力抵

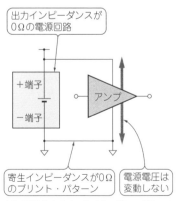

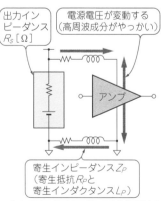

図1 シンプルな回路でICの電源端子電圧の変動を考える
電源回路とICを接続するプリント・パターンは寄生抵抗や寄生インダクタンスがあるので，回路動作に影響を与える

（a）理想的な出力インピーダンスが0Ωの電源回路と寄生インピーダンスが0Ωのプリント・パターンで接続する

（b）出力インピーダンス/寄生抵抗/寄生インダクタンスを含めた現実の回路

抗上昇の主たる要因です．電源回路の出力抵抗が，動作周波数に対して大きいと，直感的に「問題として顕著に現れてきそうだな」と感じます．

電源回路とICを接続するプリント・パターンも抵抗ゼロではありません．そこには寄生インピーダンスZ_Pを形成する，寄生抵抗R_Pと寄生インダクタンスL_Pが存在しています．

技① 寄生成分によるICの電圧降下を計算する

ここでICの消費電流が，時間で高速に変動するものだとすると，電源回路の出力抵抗R_Sと，プリント・パターンの寄生インピーダンスZ_Pに流れる変動電流により，電圧降下の変動量ΔVが生じます．

$$\Delta V = (I_2 - I_1)\,(R_S + \dot{Z}_P) \cdots\cdots\cdots\cdots (1)$$

ただし，f [Hz]：変動周波数，I_1, I_2 [A]：電流変動範囲，V [V]：電源回路の電圧源の大きさ

式(1)をシンプルにするため，抵抗R_Sと寄生インピーダンス$\dot{Z}_P$は足し算で表記しています．本来は，Zの上にドットがあるように，ベクトルの足し算です．

$\dot{Z}_P$のうち寄生インダクタンスL_Pの影響度（リアクタンス）は，第5章で説明した式(2)のように周波数に比例して大きくなります．高周波になるにしたがい，電圧降下の変動量が大きくなり，影響が大きくなるわけです．これによりICの電源端子電圧が変化します．ICからすれば電源供給電圧が変動している状態になってしまいます．

ICに流れる電流の一部を分担させる

技② バイパス・コンデンサとICの電源端子間は太く短く配線する

図1(b)の回路に，バイパス・コンデンサ（パスコンともいう）を接続します．バイパス・コンデンサは，電子回路の初心者向け記事の最初に説明されたり，新入社員が入社後に先輩に最初に指導される，基本中の基本といえるでしょう．

バイパス・コンデンサは，図2に示すように接続すると，電源回路から流れてくる（ICで消費する）電流の一部を，このコンデンサで分担させることができます．これをデカップリング（Decoupling）とも言います．デカップリングは，相互に結合（＝Couple）しない（＝De）ようにするという意味です．コンデンサが電源回路の一部となって，ICに電源供給しているわけです．

コンデンサを接続することで，高周波成分の変動電流をコンデンサが分担してくれます．そのためコンデンサの役割は，高周波数領域で高まってくると考えて

ください．

バイパス・コンデンサとデカップリングされるICの電源端子の間は，プリント・パターンの寄生インピーダンスが十分に低くなるように，太く/短く配線する必要があります．

技③ バイパス・コンデンサのグラウンド側への配線も太く短くする

第1章でも説明したとおり，電流は回路を1周して電源に戻ります．電源回路の代わりにバイパス・コンデンサが分担する変動電流も，コンデンサが接続される電源パターンからICに供給され，グラウンドを経由し回路を1周して，コンデンサのグラウンド側に戻ってきます．

バイパス・コンデンサの配置と基板設計も，この点に留意します．ICの電源端子側は，バイパス・コンデンサを直近で接続していても，グラウンド側のリターン電流の経路として，プリント・パターンが細かったり，長かったりすると，適切なデカップリング効果が期待できません．

そのため図3に説明したように，バイパス・コンデンサのグラウンド側の接続も，デカップリングするICも含め，プリント・パターンの寄生インピーダンスが十分に低くなるように太く/短く，基板設計する必要があります．

● 原理…電流分担により電源回路からの電流が減少し電圧降下も低下する

ICの電源端子へ供給される変動電流をバイパス・コンデンサが分担することで，電源回路から供給される変動電流量も減少します．これにより図4（図2の詳細図）のように，式(1)で表しました．

● 電源回路の出力抵抗R_Sにより生じる電圧降下の変動量V_{fS}

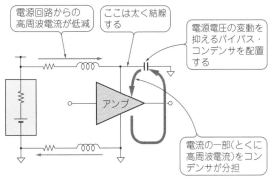

図2 図1にバイパス・コンデンサを接続した回路
デカップリングの役割を考える．コンデンサが電源回路の一部となりICに電源電圧を供給する

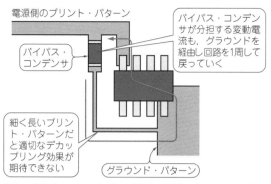

電源側のプリント・パターン

バイパス・コンデンサが分担する変動電流も，グラウンドを経由し回路を1周して戻っていく

バイパス・コンデンサ

細く長いプリント・パターンだと適切なデカップリング効果が期待できない

グラウンド・パターン

図3　バイパス・コンデンサの分担する電流はグラウンドを経由して戻ってくる
プリント・パターンが細かったり長かったりするとデカップリング効果が期待できない

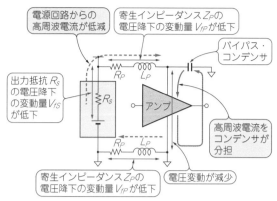

電源回路からの高周波電流が低減

寄生インピーダンス Z_P の電圧降下の変動量 V_{fP} が低下

バイパス・コンデンサ

出力抵抗 R_S の電圧降下の変動量 V_{fS} が低下

R_P　L_P

アンプ

高周波電流をコンデンサが分担

R_P　L_P

寄生インピーダンス Z_P の電圧降下の変動量 V_{fP} が低下

電圧変動が減少

図4　バイパス・コンデンサが電流を分担することで電源パターン／グラウンドに流れる変動電流が減少し，ICの電源端子電圧の変動が低減する

● パターンの寄生インピーダンス Z_P により生じる電圧降下の変動量 V_{fP}

が減少します．バイパス・コンデンサは高周波成分の変動電流を分担します．そのため Z_P のうち問題となりやすい，周波数に比例する寄生インダクタンス L_P の影響度（リアクタンス）を軽減してくれます．これもバイパス・コンデンサ接続の効果です．

① 電源電圧を安定供給する グラウンド・パターン

バイパス・コンデンサとプリント・パターンをレイアウトする際に，電源側を優先するか，グラウンド側を優先するかは悩むところでしょう．

図5に示すように，ICはグラウンドの電位を基準にして動作します．2つのICがあれば，出力側 IC_1 の出力電圧も入力側 IC_2 の動作電圧も，グラウンド電位が基準です．**図5**の2つのIC間で電圧を適切に受け渡しするためには，グラウンド電位が重要です．

技④ ベタ・グラウンド・パターンまたは グラウンド・プレーンにする

これはアナログICでもディジタルICでも同じです．つまり，次のとおりです．

● まずはグラウンド電位が一定になるように考える
● グラウンドへのリターン電流による電圧降下が大きくならないようにするため，グラウンド・パターンの寄生インピーダンスを低下させる

そのためにはベタのグラウンド・パターンまたはグラウンド・プレーンとします．

② 電源電圧を安定供給する

技⑤ 適切にデカップリングされていれば 電源パターンはある程度細くてもよい

次に電源側のプリント・パターンのことを考えてみましょう．グラウンド側を優先し，グラウンド側が安定な電位となった（プリント・パターンの寄生インピーダンスが低い）状態を，**図6(a)**の例で考えます．ICにはバイパス・コンデンサが接続されています．

図6(a)に示すように電源側のプリント・パターンは細いので，配線の寄生インピーダンスが上昇しています．しかし，ここにバイパス・コンデンサが接続されるため，高い周波数領域でICから電源パターンを見ると，バイパス・コンデンサでのデカップリング効果により，電源パターン側はグラウンドとショートし

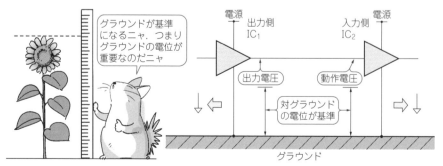

グラウンドが基準になるニャ．つまりグラウンドの電位が重要なのだニャ

電源　出力側 IC_1　　　　入力側 IC_2　電源

出力電圧　　　　動作電圧

対グラウンドの電位が基準

図5　ICはグラウンド電位を基準にして動作する
2つのIC間の信号の受け渡しもグラウンド電位が基準となる

グラウンド

ているように見えます．そうすると，**図6(b)**のモデルのように，グラウンド側の電位が安定しており，バイパス・コンデンサで電源側が適切にデカップリングされていれば，

- 電源側はグラウンド側と高い周波数領域でショートしているのと同じになるので，その高い周波数領域ではグラウンド側の安定している電位が見える
- これにより電源側の電位も安定する

つまり，グラウンド側のパターンを優先してレイアウトし，電源パターンは優先度を下げればよい（ベタ・パターンでなくてもよい）ことがわかります．それでもバイパス・コンデンサのデカップリング効果が低減する直流や低周波領域で，ICの電源電圧変動の許容範囲に，電源の直流電圧変動が収まるように，電源側のプリント・パターン幅を考慮して寄生抵抗（直流での抵抗）を低くすることが重要です．

③ 両電源の場合のパスコンの実装

技⑥ 両電源用のコンデンサのグラウンド間は太く／短く配線する

先に「バイパス・コンデンサが分担する変動電流は，回路を1周してコンデンサのグラウンド側に戻ってくる」と説明しました．

図7に示すような，プラス／マイナスの両電源があるOPアンプでは，どのようにバイパス・コンデンサを接続（レイアウト）することが適当でしょうか．

OPアンプはプラス／マイナスの両電源で動作させることが多く，それぞれの電源端子にバイパス・コンデンサが必要です．

図7に示すとおり，OPアンプの電源電流は，プラス側の電源端子からマイナス側に流れます．ディジタ

ルICでは，V_{CC}端子とグラウンド端子間をデカップリングします．しかしOPアンプでは，プラス側の電源端子とマイナス側の電源端子間を，2個のコンデンサを用いて適切にデカップリングします．

またOPアンプの出力から負荷に流れる電流は，グラウンドにリターン電流が流れるので，この電流成分については対グラウンドのデカップリングが重要です．

そのため**図8**のように，2個それぞれのバイパス・コンデンサは，各電源端子とグラウンドの間だけではなく，プラス電源のコンデンサのグラウンド側と，マイナス電源のコンデンサのグラウンド側も，低インピーダンスで接続されるように，この間も太く／短くパターン配線する必要があります．

電源電圧が安定するパスコンの実装

● バイパス・コンデンサがないと出力波形が暴れる

実際にバイパス・コンデンサ（パスコン）によるデカップリングの効果を見てみましょう．

図9に実験回路，**写真1**に実験用プリント基板を示します．高速アナログOPアンプ回路に矩形波信号を加え，バイパス・コンデンサの有無で出力波形がどのように変化するかを確認してみます．

図10(a)にバイパス・コンデンサがない状態，**図10(b)**にそれを接続した状態を示します．**図10(a)**では出力波形に暴れが見えますが，**図10(b)**ではそれがきれいに収まっています．バイパス・コンデンサがいかに重要かわかります．

● MHz以上の周波数では100μFのコンデンサは役目が果たせない

バイパス・コンデンサとして，適切な容量を考える必要があります．**図11**は直列に寄生インダクタンス

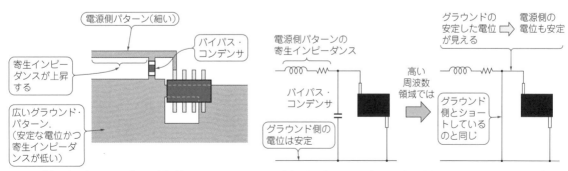

（a）バイパス・コンデンサが接続されている　　　　（b）バイパス・コンデンサは高い周波数ではショートになるモデル

図6 グラウンド側が安定になった状態での電源パターンとバイパス・コンデンサによるデカップリングの例
グラウンド・パターンを優先しているので，グラウンド側は安定な電位となる

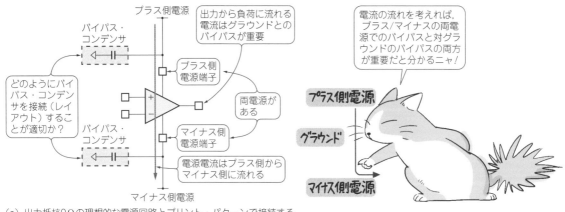

（a）出力抵抗0Ωの理想的な電源回路とプリント・パターンで接続する

図7　プラス/マイナスの両電源があるOPアンプではどのようにバイパス・コンデンサを接続するか

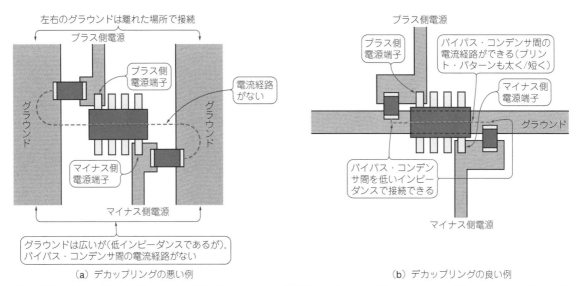

（a）デカップリングの悪い例　　　　　　　　　　　　　　（b）デカップリングの良い例

図8　適切にデカップリングできるように2個のプラス/マイナス電源用バイパス・コンデンサのグラウンド間は低インピーダンスで接続する

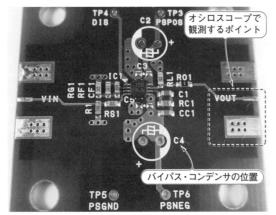

写真1　プリント基板でバイパス・コンデンサの効果を実験してみる
バイパス・コンデンサの有無で出力波形がどのように変化するか確認する

10nHが存在する．100μFのコンデンサのインピーダンス変化を，LTspiceでシミュレーションしてみたものです．

　寄生インダクタンスを10nHとしたのは，第5章に示した「細いプリント・パターンの寄生インダクタンスは1mmあたり1nH」が根拠です．コンデンサの片側のリード線が5mmであれば両方で10mmで，それにより10nHと計算できるからです．片側のリード線が5mmとなれば，このシミュレーションの現実感が高まります．

▶100μFのコンデンサの共振周波数はとても低い

　図11では，10nHの寄生インダクタンスだけでなく，寄生等価直列抵抗（*ESR*：Equivalent Series Resistance）も変えてシミュレーションしています．それぞれ最低となるインピーダンスは異なりますが，そのときの周

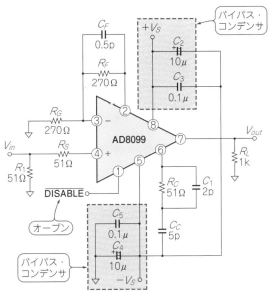

図9 バイパス・コンデンサの効果を確認するための回路
GB積3.8 GHzの高速OPアンプAD8099を使用

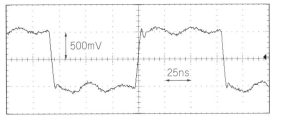

（a）バイパス・コンデンサがない状態

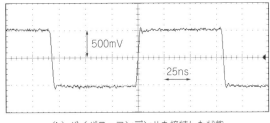

（b）バイパス・コンデンサを接続した状態

図10 バイパス・コンデンサの有無での波形変化のようす
（a）では出力波形の暴れを観測できるが，（b）ではそれがきれいに収まる．負荷を100 Ωにして差動プローブで測定

波数は同じで，159 kHzです．この周波数を共振周波数と呼びます．共振周波数から上の周波数ではインピーダンスが再度上昇してきて，バイパス・コンデンサとしての役目が果たせなくなってきます．

この共振周波数159 kHzは，とても低い周波数です．マイコンが出始めのころでもクロックは1 MHz，AM放送の下限でも526.5 kHzであり，このコンデンサで生じる共振周波数よりも高い周波数です．

最近の電子機器の動作周波数はさらに高く，その動作周波数ではこの100 μFのコンデンサは用をなさないことがわかります．

技⑦ バイパス・コンデンサは複数の容量の違うものを並列に接続する

そこで複数の異容量のコンデンサを，**図12**のように並列に接続します．小容量のコンデンサはIC直近にそれぞれの電源端子に1個ずつ配置します．これは**図4**に示した，バイパス・コンデンサにより高周波成分の変動電流を低減させる方策で非常に有効です．

このように接続すると，それぞれの共振周波数が異なります．小容量のコンデンサのほうが共振周波数が高いことからも，全体で広い帯域にわたって低インピーダンスを維持できる，つまり高周波までバイパス・コンデンサとして有効に機能できます．

技⑧ デカップリングする点に近い方に1 μF以下のコンデンサを配置する

これによりプリント・パターンで生じる寄生インダ

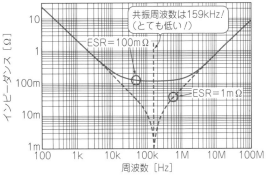

図11 100 μFのコンデンサに寄生インダクタンス10 nHが直列に接続されているときのインピーダンスの変化を調べる（シミュレーション）
100 μFのコンデンサの共振周波数は159 kHzである

クタンスを低下させることができます．
異容量の組み合わせの例を次に挙げます．
- 1 MHzオーダの回路：100 μF + 1 μF
- 10 MHzオーダの回路：100 μF + 4.7 μF + 0.1 μF
- 100 MHzオーダの回路：100 μF + 4.7 μF + 0.1 μF + 1 nF
- 1 GHzオーダの回路：100 μF + 4.7 μF + 0.1 μF + 1 nF + 33 pF

これらの例は並列接続のめやすとして考えられるものです．動作周波数が高くなってきても，大容量の100 μFが用いられるのは，高い周波数でも低周波で動作する回路部分（または信号成分）があり，その低い周波数帯域でも十分にデカップリングする必要があるからです．

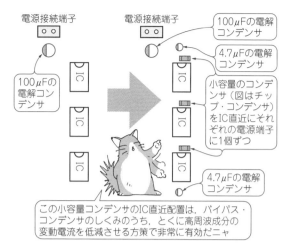

図12　複数の異容量のコンデンサを並列に接続して広い帯域にわたってインピーダンスを下げる

● 実際にデカップリングした基板をネットワーク・アナライザでインピーダンス測定してみる

　前述した，異容量のコンデンサでデカップリングした基板を，ネットワーク・アナライザで測定してみます．**写真2**に実験用のプリント基板を示します．デカップリング用コンデンサは100 μF + 0.1 μFの組み合わせを用いています．

　ネットワーク・アナライザはデカップリングしたい点，つまりICの電源端子とグラウンド端子間に相当するポイントに接続しています．

　図13にデカップリング点のインピーダンスを測定した結果を示します．インピーダンス値の計算をシンプルにするため，コンデンサをリアクタンスとして扱わず，図中では抵抗性の絶対値として数値を示しています．この値から約71％の範囲で実際の値との誤差が生じます．

　図13(a)は100 μFのバイパス・コンデンサを1個にしたときの結果です．低い周波数でしかインピーダンスが低減しておらず，周波数が10 MHzあたりでインピーダンスが上昇してきており，適切にデカップリングできていないことがわかります．コンデンサは電解コンデンサを使っているため，最低となるインピーダンスもESRにより高めになっています．

　図13(b)は，図1に示す0.1 μFのバイパス・コンデンサも接続した結果です．より高い周波数までインピーダンスが低減しており，適切にデカップリングされているようすがわかります．しかし，それでも約10 MHzで共振して，それより高い周波数でインピーダンスが上昇しています．これはコネクタの端子やパターンの寄生インダクタンスによる影響も大きいです．

　このことから，さらに高い周波数でデカップリングするには，コネクタの端子やプリント・パターンの寄生インダクタンスを低減させ（短く／太く），より小容量のコンデンサを並列接続する必要性がわかります．

＊　　　　＊　　　　＊

　高速信号の場合は，同容量かつ小容量コンデンサを基板全体に多数配置する，という方法があります．これは多層基板の場合に非常に有用です．

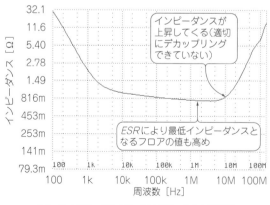

（a）部品面側

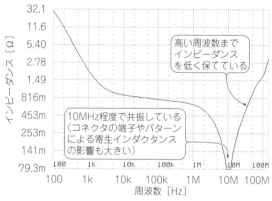

（b）はんだ面側

写真2　デカップリングの効果を確認するために製作したプリント基板
デカップリング用コンデンサは「100 μF + 0.1 μF」の組み合わせである

（a）バイパス・コンデンサは100 μFを1個配置　　　　　（b）100 μFと0.1 μFのコンデンサを接続した

図13　写真2のプリント基板で電源端子とグラウンド端子間に相当するデカップリング点のインピーダンスを測定してみた
(a)は周波数が10 MHzあたりでインピーダンスが上昇してきており，デカップリング効果がない．(b)はより高い周波数までインピーダンスが低減しており，デカップリング効果がある．それでも共振周波数より上でインピーダンスが上昇している

バイパス・コンデンサの配置間隔は，取り扱う信号の1/4波長以下が良好（可能なかぎり狭く）です．この1/4波長はプリント基板上での信号の波長から算出します．このときでも，ICの電源ピンにはバイパス・コンデンサ配置しておきます．このようにバイパスすることで，グラウンド・プレーン間のビア接続と同様に，バイパス・コンデンサにより電源プレーンとグラウンド・プレーン間を，高周波的にショートでき，電源の安定供給やEMI/EMC対策ができます．

◆参考文献◆

(1) 電波法施行規則第2条第1項第24号，http://elaws.e-gov.go.jp/search/elawsSearch/elaws_search/lsg0500/detail?lawId=325M50080000014#5

column▶01 片面基板でもパスコンの効果を引き出す方法

石井 聡

最近は図Aに示すようなトランジスタ・ラジオの回路図はめったに見なくなりました．しかし，このような回路では同図のように各増幅段への電源供給は，それぞれ抵抗とバイパス・コンデンサを用いてデカップリングされていました．

このデカップリングは片面基板など，プリント・パターンのインピーダンスを十分低減できない回路構成や，複数増幅段による非常に高い増幅率が必要なラジオなどで，電源パターンを経由しての後段から前段への迷結合（望まないフィードバック）を避けるためのテクニックです．迷結合が生じることで，異常発振が起きてしまいます．

抵抗とバイパス・コンデンサでローパス・フィルタを形成し，段間の電源パターン経由のフィードバックを高い周波数領域で低減させ，デカップリング効果を高める，つまり迷結合を減少させます．

電源パターン側に挿入する抵抗というのは，本文中の電源パターンは優先度を下げればよいという話と符合します．

- 電源パターンがインピーダンスをもっていてもグラウンド側が安定していれば，バイパス・コンデンサのデカップリング効果により電源側の電位が安定する
- バイパス・コンデンサとプリント・パターンのインピーダンスによりローパス・フィルタが形成され，段間結合をデカップリングする効果がさらに得られる

◆参考文献◆

(1) 加藤 高広；高感度フルディスクリートラジオ，pp.66-76，トランジスタ技術，2015年10月号，CQ出版社．

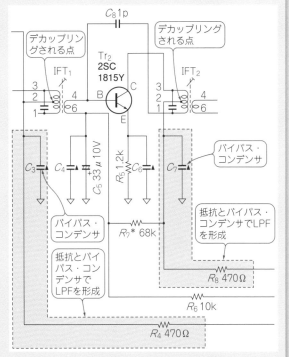

図A 昔のトランジスタ・ラジオ回路では電源側は抵抗も用いてデカップリングされていた
文献(1)より一部抜粋して加筆のうえ転載

column▶02　異なる容量のパスコンの並列がオススメできる理由

石井 聡

本文で，複数の異容量のコンデンサを並列に接続することで，広い帯域にわたってインピーダンスを下げられると説明しました．しかし図Bの等価回路のように，それぞれのコンデンサには寄生インダクタンスが存在しています．これにより別の共振現象が生じます．図Cは図Bの等価回路の条件で，LTspiceでシミュレーションした結果です．

シミュレーション方法は，等価回路に1Aの電流を流すことにより，「得られた電圧＝等価回路のインピーダンス」となるしくみを用いています．

複数接続で生じる相互共振現象により，5 MHz付近でインピーダンスが上昇しています．これを反共振といって並列共振によりインピーダンスが上昇するため発生します．LTspiceでは，L（インダクタ）モデルはデフォルトでESRが$1\,m\Omega$なので，共振点でこのような有限値になっています．広い周波数で安定にデカップリングしたいものが，特定の周波数でインピーダンスが上昇することは問題です．

反共振という問題がありながらも複数の異容量のコンデンサを並列に接続することが推奨されている理由は，コンデンサ内部の寄生ESRで反共振が低減していることが1つの理由です．コンデンサ内部の寄生ESRを図Bに追加したモデルを，図Dに示します．図Eは，図Dの条件でLTspiceでシミュレーションしたものです．図Cで反共振現象によりインピーダンスが上昇していたものが，ある程度低いレベルに収まっていることがわかります．

このようにコンデンサ内部に寄生ESRがあることで，反共振が低減されます．寄生ESRの代わりにコンデンサ外部に抵抗を積極的に挿入して，反共振を低減する方法もあります．

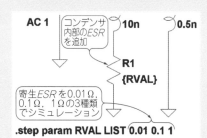

図B　並列に接続した複数の異容量のコンデンサにそれぞれ寄生インダクタンスがある
LTspice用のシミュレーション回路

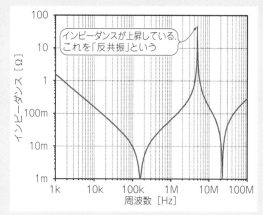

図C　図Bの条件でLTspiceでシミュレーションしてみる
LTspiceのインダクタ・モデルはデフォルトで$ESR＝1\,m\Omega$になっているので，本図のような結果になる

図D　寄生ESRに相当する抵抗成分を図Aの回路に付加する
寄生ESRを$10\,m\Omega$，$0.1\,\Omega$，$1\,\Omega$の3つの条件で設定する

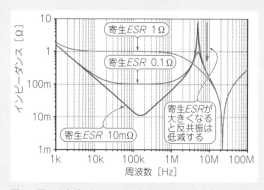

図E　図Dの条件でLTspiceでシミュレーションしてみる
寄生ESRを$10\,m\Omega$，$0.1\,\Omega$，$1\,\Omega$の条件でシミュレーション

第2部

グラウンドの
設計テクニック

グラウンド設計の基本

石井　聡　Satoru Ishii

これまで「単純な物理則，つまり抵抗性/容量性/誘導性の要素を理解して，プリント基板設計を進めよう」の基本コンセプトをもとに，基板の作り方を説明しました．引き続き，低周波アナログ回路/ミックスド・シグナル・プリント基板を例に，高精度/高 SNR（Signal-to-Noise Ratio；信号対ノイズ比）を実現する技法について説明していきます．

本章では，プリント基板設計において重要な項目の1つである電子回路の動作基準「グラウンド」の配線について解説します．

高精度/高 SNR な低周波アナログ/アナディジ混在（ミックスド・シグナル）プリント基板としては，重量計の抵抗ブリッジの電圧（最大数 mV の振幅）を増幅し，A-D変換後にディジタル値で数値表示するプリント基板や，低ノイズなオーディオ・アンプ基板などがあります．

ここでいう高精度とは，検出誤差が±0.1％などのものや，信号源振幅が mV オーダ以下でその振幅をパーセント以下の精度で検出する回路基板のことです．

また高 SNR とは，低周波回路においては，ダイナミック・レンジが 80 dB 以上（最大振幅1 V に対して 0.1 mV 以下の信号を取り扱えるほどひずみ/ノイズが低い）の回路基板を想定しています．

アナディジ混在基板設計の基本

技① 基板上のICはグラウンドの電位を安定させる

第10章で基板設計におけるデカップリング・コンデンサに関する次の内容を解説しました．

- IC はグラウンド電位を基準にして動作する
- まずはグラウンド電位が一定になるように考える

高精度/高 SNR な低周波アナログ/ミックスド・シグナルの基板設計においても，この考え方は非常に重要です．動作している信号電圧の基準はグラウンドです．高精度/高 SNR を実現するうえで，できるだけグラウンドの電位を安定に，変動しないように基板を設計していくことが重要です．

技② ディジタル回路からの影響を受けやすいアナログ回路用に対策する

高精度/高 SNR な低周波アナログ/ミックスド・シグナル・プリント基板を実現する上で留意すべき部分は，微小電圧/電流で動作する回路です．

アナログ回路とディジタル回路が同一基板上に混在する基板では，アナログ領域に相当します（図1）．ここでの領域とは，アナログ/ディジタルなどの各回路ブロックを指します．

プリント基板において，トラブルの被害者はアナログ回路側です．

図1　アナログ回路はいつも被害者なのだ（守ってやらねばならぬのだ）

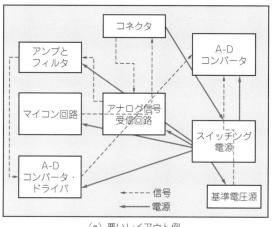

（a）悪いレイアウト例

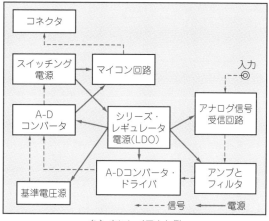

（b）良いレイアウト例

図2 ミックスド・シグナル回路を搭載するプリント基板の悪いレイアウトと良いレイアウト
「一緒くたレイアウト」は迷結合を発生させる．(b)は(a)の一緒くたレイアウト状態を改善している．アナログ電源はシリーズ・レギュレータを追加

- ディジタル領域側からアナログ領域側が影響を受ける
- アナログ領域内部でも，大振幅信号の回路側から微小電圧／電流の回路が影響（干渉）を受ける
- アナログ領域側がディジタル領域側に影響を与えることはない
- スイッチング電源などのパワー回路とアナログ回路との関係も同じ

これらが高精度／高*SNR*の基板の実現を阻害します．

アナログ／アナディジ混在基板の配線の基本

技③ 一番の基本はアナログ側とディジタル側の領域を分離すること

図2にミックスド・シグナル・プリント基板のレイアウト例を示します．次の回路が1つのプリント基板上にあると仮定します．

- 微小信号を受信する無線通信アナログ回路
- 無線回路からの低レベル信号を増幅するアンプとフィルタ
- その信号をアナログからディジタルに変換するA-Dコンバータ
- A-Dコンバータを駆動するためのドライバ
- A-Dコンバータのディジタル値を取り込み，外部とインターフェースするディジタル回路とマイコン回路
- 表示用7セグメントLEDを駆動する回路
- スイッチング電源による電源回路
- A-Dコンバータのための基準電圧源

本基板では，各領域がプリント基板上で混在，つま

り「一緒くた」になっています．

ここまで説明した寄生抵抗／寄生容量／寄生インダクタンスにより，アナログ信号の経路と一緒くたになったディジタル回路／スイッチング電源回路との間に，結合が生じます．これは想定外の結合，つまり迷結合です．

迷結合により，アナログ回路側が被害者となるノイズ／クロストーク(以降，迷結合によるノイズも含めてクロストークで統一する)が発生し，システム全体でトラブルが生じ，目的の性能を実現できません．つまりこの基板はレイアウトが不適切なわけです．

技④ アナログ／ディジタルの分離とリターン電流の両方を考える

本基板において，迷結合への「特効薬」というものはありません．ここまで説明してきた「プリント基板設計で知っておくべき基本的な電気的知識」を，丁寧に適用していきます．

アナログ／ミックスド・シグナル・プリント基板作りにおける最初のステップが，適切に各領域を分離してレイアウトするということです．適切な位置に各領域を配置することで，影響のある箇所ごとに離す(離隔する)ことができ，迷結合や，後述するリターン電流の干渉を低減できます．

図2(b)に，図2(a)の一緒くたレイアウト状態を改善した基板レイアウトを示します．各領域が適切に配置され，見た目にも高精度／高*SNR*な性能が出そうだと思わせるものです．ここでのポイントは次のとおりです．

- アナログ信号がディジタル領域からの干渉を受けていない

● アナログ領域の信号経路が一直線に配置されている

アナログ領域の一直線配置は, 多段増幅でそれぞれ高い増幅率をもつプリント基板の場合に非常に重要です. たとえばU字に配置したことを考えてみます. こうすると低信号レベルの部分と, 高い増幅率で増幅された部分とが近接し, 迷結合が生じて異常発振してしまうことがよくあります. とくに無線信号は高周波であることから, 迷結合がさらに生じやすくなってしまいます.

まずはこれらの点を抑えておきましょう.

図2(b)では, 追加したLDO(Low Dropoutレギュレータ)により, アナログ電源を供給しています. 回路設計テクニックではありますが, 重要なことです.

アナログ回路に発生する ノイズの低減方法

■ トラブルのしくみはディジタル回路から アナログ回路領域への迷結合

回路という用語, そしてその実体は, 電圧源/信号源のプラス側から始まり, プリント・パターンをひと回りして, 同じ電圧源/信号源のマイナス側に「ぐるっと戻ってくる」一巡する経路のことを指します. ここでは特に一巡する経路のうち, グラウンド側に着目してください. グラウンドは, 電圧の基準となる電位面です. グラウンドを経由して戻る電流がリターン電流です.

写真1は, $2 V_{P-P}$のアナログ信号が$22 k\Omega$の負荷抵抗に伝送される回路と, もう1つ別の回路としてディジタル回路があり, そのグラウンド経路を模したプリント基板です.

本基板では, アナログ信号のリターン電流が流れる配線と, ディジタル回路のリターン電流が流れる配線が, 共通な経路として, 100 mmのグラウンド・パターンで形成されています. この共通なリターン電流の経路を共通グラウンドといいます.

前述したとおり, アナログ/ミックスド・シグナル・プリント基板において, 一番生じやすいトラブルは, ディジタル(スイッチング)回路領域の電圧/電流がアナログ回路領域に迷結合し, クロストークが生じることです.

■ 実験① アナログ信号は ディジタル回路からの干渉を受ける

本実験では, 共通グラウンドを経由して, アナログ

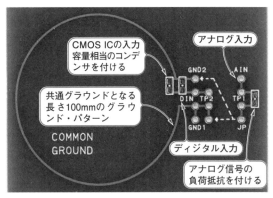

写真1　共通グラウンドが形成されたプリント基板
アナログ信号が負荷抵抗に伝送される回路と, 別の回路としてディジタル回路もあり, そのグラウンド経路を模した共通グラウンドにより生じるクロストークを本基板で調べる

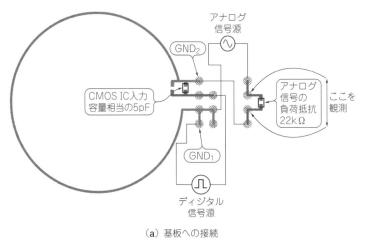

(a) 基板への接続

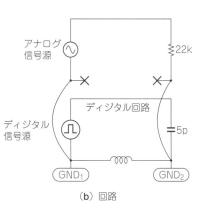

(b) 回路

図3　共通グラウンドが形成された接続のようす
ディジタル回路が干渉側になる

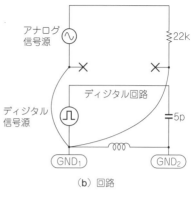

（a）基板への接続

（b）回路

図5 共通グラウンドにならないように接続を変更する
アナログ信号とディジタル回路のリターン電流の経路を分離する

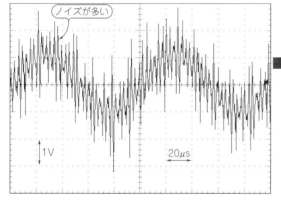

図4 ディジタル回路からのクロストークが重畳している（改善前）
図3の共通グラウンド状態での測定結果．アナログ信号の負荷抵抗
22 kΩの端子電圧を観測した

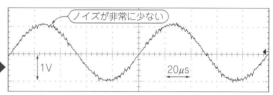

図6 図4で見えていたクロストークがほぼ消えている（After）
図5の回路での測定結果

■ **実験② アナログ回路とディジタル回路の
リターン電流経路は分離せよ**

技⑤ **共通グラウンドにならないように接続
を変更するとクロストークが低減する**

　図3の接続を変更し，**図5**に示すように，アナログ
信号のリターン電流の経路と共通グラウンドだった，
ディジタル回路のリターン電流の経路を分離してみま
す．これは回路としての接続を変えたわけではありま
せん．

　測定結果を**図6**に示します．ディジタル回路からの
クロストークがほぼ消えていることがわかります．こ
れはリターン電流の経路が分離されたことにより，ア
ナログ信号のリターン電流の経路（グラウンド）に存在
する寄生インピーダンスに，ディジタル回路のリター
ン電流が流れず，クロストークとなる電圧降下が生じ
ないからです．

　共通グラウンドにならないようにプリント・パター
ンを変更することで，高精度／高SNRシステムなプリ
ント基板への第一歩を踏み出すことができるわけです．

信号が干渉を受けるようすを見てみましょう．

　写真1での共通グラウンドとなる接続状態を**図3**に
示します．ここでもディジタル回路が干渉源側です．

　このディジタル回路から干渉を受ける，$2V_{P-P}$のア
ナログ信号の負荷抵抗22 kΩの波形を観測してみます．
結果を**図4**に示します．干渉源側のディジタル回路の
負荷はCMOS IC入力容量相当の5 pFです．クロスト
ークが$2V_{P-P}$のアナログ信号波形に重畳しているこ
とがわかります．

　図4の負荷抵抗22 kΩの端子電圧は次段への入力信
号と考えれば，より現実的にイメージできるでしょう．
この状態では高精度／高SNRシステムなプリント基板
など実現することができません．

第12章

回路シミュレータ LTspice グラウンド・パターン解析

石井 聡 Satoru Ishii

本章では第11章で説明したアナログ回路とディジタル回路の2つのグラウンド・パターン構成を，抵抗とインダクタンスでモデル化し，電子回路シミュレータLTspiceで実験してみます．

グラウンドの電圧降下が解析できるモデル

技① リターン電流が大きく変動が速いと電圧降下は大きくなる

共通グラウンドの寄生インピーダンスに，ディジタル回路のリターン電流I_Gが流れると，グラウンドでの電圧降下V_{GND}が生じます．

$$V_{GND} = I_G R_P + L_P \frac{d}{dt} I_G(t) \quad\cdots\cdots\cdots\cdots\cdots\cdots\cdots (1)$$

ここで，R_P：共通グラウンド・パターンに存在する寄生抵抗[Ω]，L_P：同じく寄生インダクタンス[H]，d/dt：リターン電流I_Gの変化速度

アナログ信号のリターン電流は，I_Gと比べて微小なので無視できます．I_Gが大きく，また変動が速くなるにしたがい，V_{GND}は大きくなります．高精度／高SNRシステムの実現が難しくなることに気がつきます．

■ 例題

図1に共通グラウンドになっている改善前の回路モデル，図2にディジタル回路のグラウンド（リターン電流の経路）を分離した改善後の回路モデルを示します．図1は第11章の図4，図2は第11章の図6と同じ構成です．

それぞれ電流が流れる信号／グラウンドのプリント・パターン寸法は，第2章の図1と同じとし，抵抗120 mΩと寄生インダクタンス133 nHによる寄生イン

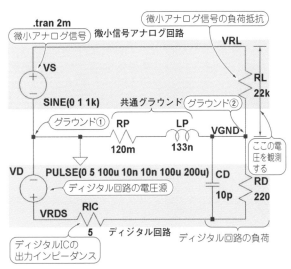

図1 アナログ回路とディジタル回路の電流が同じグラウンド（共通グラウンド）に流れ込むプリント・パターンの等価回路（改善前）
第11章の図3の回路をLTspiceで作成した．ディジタル回路の負荷として220 Ωも接続している．アナログ回路の出力波形がディジタル回路の動作電流で乱される

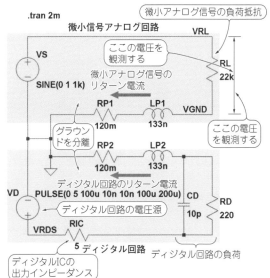

図2 アナログ回路のリターン電流とディジタル回路のリターン電流の経路を分離した等価回路（改善後）
第11章の図5の回路をLTspiceで作成した

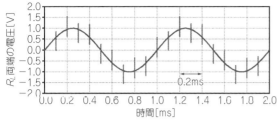

（a）微小アナログ信号の負荷抵抗の端子電圧

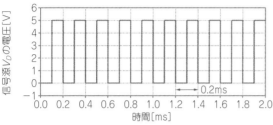

（b）ディジタル回路の電圧源

図3　図1の共通グラウンド状態をLTspiceでシミュレーションで確認してみてもクロストークが生じている（改善前）

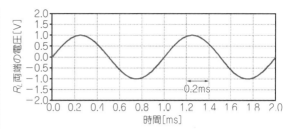

（a）微小アナログ信号の負荷抵抗の端子電圧

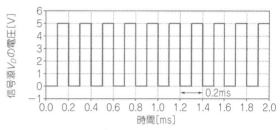

（b）ディジタル回路の電圧源

図4　図2のようにアナログ信号のリターン電流経路を分離するとクロストークが消える（改善後）
シミュレーションは基板製作前の配線チューニングに有効活用できる

ピーダンスが生じるものとしてモデル化します.

技②　共通グラウンドで電圧降下がクロストークになることをモデルから考える

図1では，アナログ信号とディジタル回路の各リターン電流の経路は，共通グラウンドの部分です. 電圧降下V_{GND}は図1のグラウンド①とグラウンド②の間に現れます.

- グラウンド①：$2V_{P-P}$のアナログ信号源$V_S[V]$のグラウンド
- グラウンド②：$22k\Omega$の負荷抵抗$R_L[\Omega]$のグラウンド

となっています. それぞれのグラウンドどうしは同じで，完全に0Ωでつながっていると想定するケースも多いと思います. しかし，実際にはグラウンド①とグラウンド②の間は，寄生抵抗$R_P = 120m\Omega$と寄生インダクタンス$L_P = 133nH$による寄生インピーダンスZ_Pで接続されているため，同じグラウンドではありません. 電圧（電位）が異なっているのです.

シミュレータでバーチャル実験

■ 実験①　共通グラウンドにしたときクロストークが発生する

負荷抵抗R_Lの両端の電圧V_{RL}を考えます. R_Lの両端には，アナログ信号源電圧V_Sと，共通グラウンド部分の電圧降下V_{GND}（寄生インピーダンスZ_Pにディジタル回路のリターン電流I_Gが流れて生じたもの）の

合計が観測されます.

$$V_{RL} = V_S + V_{GND} \quad\cdots\cdots\cdots\cdots\cdots\cdots (2)$$

式(2)は，本来はベクトルの足し算ですが，シンプルにするために単なる足し算で表記しています.

V_{GND}は，リターン電流I_Gの変動速度（周波数）が速いと大きくなり，問題が顕著になってくることも式(1)からわかります.

図1の改善前の条件（第11章の図3と同じ構成）で，LTspiceでシミュレーションしてみます. 図3に図1のシミュレーション結果を示します. 実測例（第11章の図3）と同じように，クロストークが生じています.

■ 実験②　共通グラウンドにならないようにするとクロストークはなくなる

第11章の図4（改善後）と同じように接続を変更した図2の回路でシミュレーションしてみます. 図2は，アナログ信号と共通だったディジタル回路のリターン電流I_Gの経路を分離して，$2V_{P-P}$のアナログ信号源V_Sのところに直接戻します. ここでも負荷抵抗R_Lの両端の電圧V_{RL}を考えます.

図4に図2のシミュレーション結果を示します. 実測例（第11章の図6）と同じように，クロストークが重畳していないことがわかります. ディジタル回路のリターン電流I_Gのグラウンド経路には，依然として電圧降下が発生していますが，負荷抵抗R_Lの両端の電圧V_{RL}には影響がありません. グラウンド②において干渉は受けません. このようにシミュレーション結果からも，グラウンドの接続方法を変えるだけで，アナ

第2部 グラウンドの設計テクニック

column▸01 グラウンド記号に騙されないでリターン電流をイメージする

石井 聡

● 回路図をみただけではリターン電流をイメージできない

プリント・パターンは寄生抵抗と寄生インダクタンスであり，回路図やネットリストには現れない想定外の要素(寄生素子)となり，高精度/高SNRシステムで発生するクロストークの原因となります．

このようすを回路図上でイメージできる方法を，図Aに一例として紹介します．これはイメージできる方法なので，すべてのグラウンド接続状態を明示できるものではないので，留意してください．

● GND記号に騙されちゃいけない

三角マークのシンボルで，グラウンドを回路図中に記載すると，まるで三角マークに電流が吸収されて，そこで消えてしまうような錯覚を覚えることがあります．しかし電流は，「回る路」という物理則のとおり，電源/信号源から始まり回路を経て，元の電源/信号源に戻ります．消えてなくなることはありません．

回路図上で三角マークのシンボルでグラウンドを記載し，それをプリント基板にレイアウトしても，プリント基板に存在している寄生インピーダンスとリターン電流により，トラブルが発生してしまいます．

技Ⓐ グラウンド記号間を抵抗で接続してみるとリターン電流がイメージできる

回路図上でグラウンドの三角マークで電流が消えてなくなるという錯覚を払拭するため，図Aのように手描きで，各グラウンド間に抵抗素子を書き込んでみます．こうすると，電流がグラウンドを経由して電源/信号源に戻っていくようす，すべてがプリ

ント・パターンで接続されているようすをイメージでき，電流が消えてなくなるという錯覚を払拭できます．これはプリント基板設計のときだけでなく，回路動作を検証したり，デバッグしたりするときにも有効な考え方です．

くり返しますが，すべてのグラウンドの接続状態，リターン電流の流れる経路を表現できるわけではないので，その点には留意してください．それでも何か開眼するかもしれません．

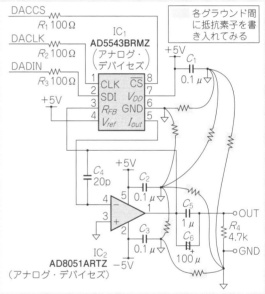

図A 回路図でリターン電流をイメージするには，グラウンドの回路記号の各所を抵抗で接続するとよい

ログ信号がディジタル回路から受けるクロストークをなくせることがわかります．

■ 高精度な基板を作るときはアナログ回路のグラウンドにも留意する

技③ リターン電流が小さくても高精度な回路では電圧降下を無視できない

一般的にアナログ信号源のリターン電流は微小です．そのためアナログ回路のグラウンドの寄生インピーダンスZ_Pで生じる電圧降下も，若干電圧が変化しますが影響は軽微です．しかしとくに高精度な回路や大電

流を取り扱う場合は，この電圧降下も無視できなくなります．式(2)と同じように，負荷抵抗R_Lと寄生インピーダンスZ_Pが直列となることで，以下の問題が起こります．

● 回路電流(リターン電流でもある)が低下し，負荷抵抗R_Lにアナログ信号源電圧V_Sを正しく伝えられない(電圧が低下する)

● アナログ領域のほかのリターン電流と共通グラウンドになり，余計な電圧降下が発生する

この問題については，次章で詳しくみていきます．

◆参考文献◆

(1) ANSYS, http://www.ansys.com/

column▷02　今も昔も基本は「1点アース」

石井 聡

　昔，写真Aに示すような真空管オーディオ・アンプなどの設計で「1点アース」という技法がありました．これは「グラウンドを1点で，共通点に接続する」というものです．真空管オーディオ・アンプでのリード線による配線と，プリント基板でのパターン配線は，それぞれ導体だと考えれば同じ技術です．この技法が，現在のプリント基板設計で，同じように当てはまるでしょうか．

　これは「単純な物理則，つまり抵抗性/容量性/誘導性の要素」という視点に立てば，判断できます．

技B 1点アースはグラウンドの分離により電圧降下の影響を排除できる

　本文で次のことを説明してきました．

- プリント・パターンには，寄生抵抗と寄生インダクタンスが存在し，これが寄生インピーダン

スとなる
- 寄生インピーダンスにリターン電流が流れ，生じた電圧降下が他の領域，とくに微小信号アナログ回路領域へクロストークとなって干渉が生じる
- ディジタル回路やスイッチング・パワー回路など，急峻にレベルが変化するリターン電流は不具合を発生させる原因になりがち

　1点アースは，物理則の視点に立ってみれば，今でも有効な考え方だということがわかります．ただし，数十MHz以上の高速/高周波な信号を取り扱う基板では，1点アースまで接続するプリント・パターンの寄生インピーダンスが問題になるので，さらに別のアプローチが必要です．

◆参考文献◆

(A) http://www.radioboy.org/AMP-1/index.htm

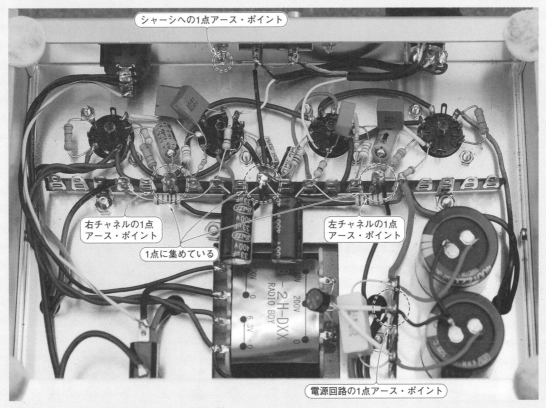

写真A　1点アースは真空管時代からの基本技術だ[(A)]
グラウンドを1点で，共通点に接続する

右チャネルの1点アース・ポイント

左チャネルの1点アース・ポイント

シャーシへの1点アース・ポイント

1点に集めている

電源回路の1点アース・ポイント

第13章

高精度アンプのグラウンド設計テクニック

石井 聡 Satoru Ishii

本稿では，アナログ／ミックスド・シグナル基板の精度を向上するグラウンド配線方法を解説します．

■ 例題基板

高精度アンプで微小電圧を増幅し，A-Dコンバータで検出する基板を例に，出力誤差を低減する基板レイアウトを考えてみます．回路を図1に示します．使用するOPアンプはゼロドリフト・アンプと呼ばれているADA4522-1（アナログ・デバイセズ）で，入力換算オフセット電圧が0.7μV（標準）と非常に小さいICです．

回路の仕様は次のとおりです．

- 微小信号源は，直流電圧で0〜5mV
- 微小電圧を1000倍に増幅
- 0〜5Vの振幅にして，16ビットA-Dコンバータに加える

図1は正しく動作する回路です．図2に図1の基板レイアウトを示します．プリント・パターンをみてみると，電源接続位置の理由により，ICの電源リターン電流の流れる経路が，微小信号源からOPアンプへの経路と共通グラウンドになっています．

共通グラウンドの長さは1cm，プリント・パターン幅は0.4mmなので0.01Ωの寄生抵抗が生じます．

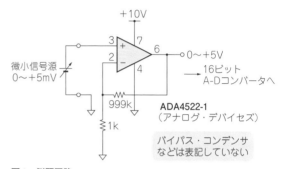

図1 例題回路
最小分解能76.3μVの16ビットA-Dコンバータの性能を引き出せる（はず）のプリアンプ

OPアンプの電源電流が精度誤差を生む

● 高精度アンプは1cmの共通グラウンドでも出力誤差が1桁増える

OPアンプADA4522-1の消費電流は840μA（標準）です．グラウンド側の電源接続により，リターン電流は図2の微小信号源との共通グラウンドに流れます．このプリント・パターンは幅が0.4mmですが長さはたった1cmの短いパターンであり，普通なら無視してもよいレベルでしょう．ADA4522-1は，微小信号源がフルスケールの5mVのとき，1000倍の5Vを出

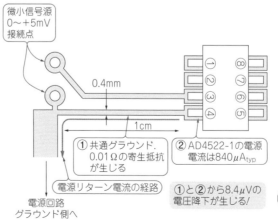

図2 図1の基板レイアウト（良くないプリント・パターン）
共通グラウンドになっている部分がある．配線長1cm，幅0.4mmなので0.01Ωの寄生抵抗が生じる．ここにADA4522-1の消費電流（840μA）が流れると，A-Dコンバータの分解能の16ビットのうちの4ビット分が有効に使えなくなる

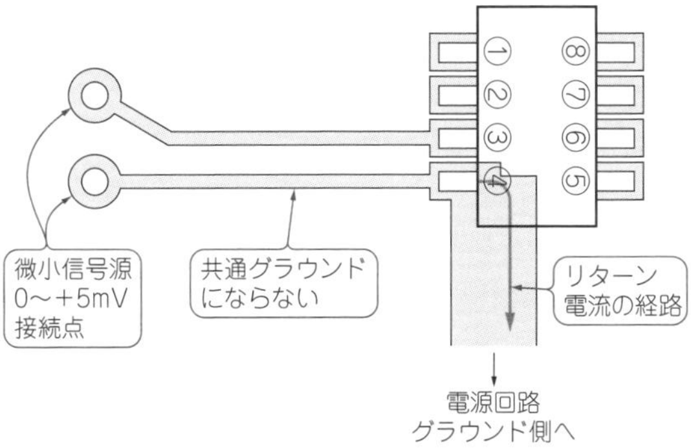

図3 図2の共通グラウンドをなくした基板レイアウト(図2より高性能が得られる)
このように描けば、OPアンプの消費電流が出力に影響を与えない

力します。本来、出力に現れるオフセット電圧は、入力換算オフセット電圧 $0.7\ \mu V_{typ}$ を1000倍に増幅した $0.7\ mV$ です。これは5V出力に対して0.014%です。

一方、共通グラウンドにADA4522-1の電源リターン電流 $I_{SS} = 840\ \mu A$(標準)が流れると、プリント・パターンの寄生抵抗 $R_P = 0.01\ \Omega$ で電圧降下 V_{drop} が発生します。

$$V_{drop} = I_{SS}R_P = 840\ \mu A \times 0.01\ \Omega = 8.4\ \mu V$$

この電圧降下はADA4522-1の入力オフセット電圧と等価な成分となり、1000倍に増幅されて、ADA4522-1の出力に $8.4\ mV$ が現れます。

● 寄生抵抗による精度劣化は小さくない

ADA4522-1単体の出力オフセット電圧は $0.7\ mV$ですが、これに $8.4\ mV$ が加わります。1cmのプリント・パターン(共通グラウンド)の寄生抵抗の影響度は、ADA4522-1単体の12倍という大きさです。12倍はA-Dコンバータで4ビットぶんに近い精度劣化になります。とても大きい量/大きな問題です。

ずれたぶんを、A-D変換後にソフトウェアで校正(補正)すればよいだろうという考え方もあるかもしれませんが、前述の消費電流は、静的状態つまり出力電流が0Aの状態です。負荷抵抗が接続されると消費電流も変化し、共通グラウンドの寄生抵抗による電圧降下も変化します。つまり不確定性が生じます。

技① 電源リターン電流の経路は微小信号源との共通グラウンドにしない

精度劣化の問題を軽減するプリント・パターンを図3に示します。電源リターン電流の経路は、微小信号源のグラウンド経路と共通グラウンドになっていません。これにより電源リターン電流は信号増幅に影響を与えず、微小信号源の5mVの電圧は(ADA4522-1の入力換算オフセット電圧を含むだけで)正しく1000倍され、出力に現れます。

◆参考文献◆
(1) Paul Brokaw, Jeff Barrow;低周波回路と高周波回路のグラウンド設計, AN-345, アナログ・デバイセズ.
http://www.analog.com/media/jp/technical-documentation/application-notes/AN-345_jp.pdf

column ▷ 01　24ビット分解能はウルトラ高精度ワールド

石井 聡

高精度/高SNRな電子回路の世界では、32ビットの分解能/精度は夢のまた夢です。表Aは、異なる分解能のA-Dコンバータごとで、入力電圧範囲を0〜5V(5Vフルスケール)としたとき、最小ビット分解能(1 LSB:Least Significant Bit)が何Vになるかを計算したものです。

16ビットの分解能であっても1 LSB = 76.3 μVで、非常に微小な信号をよりわけていること(異なるディジタル値にという意味)がわかります。

$\Delta\Sigma$型24ビットA-Dコンバータなら、1 LSB = 0.30 μVです。抵抗10 kΩの熱雑音電圧量を1 kHzの帯域で考えたとき、その電圧量は0.41 μVです。この大きさと比較しても1 LSBは非常に小さいことがわかります。

前章までにみてきたクロストークの大きさと比較しても、1 LSBの電圧はかなり小さいです。たった

16ビット分解能でも、プリント基板でその精度を実現することは非常に難易度が高いです。

表A A-Dコンバータの分解能ごとの1LSBに相当する電圧量
16ビットの分解能であっても1 LSBは76.3 μVと小さい

分解能	5Vフルスケール時の1 LSB電圧	理論的ダイナミック・レンジ
8ビット	19.5 mV	49.9 dB
10ビット	4.88 mV	62.0 dB
12ビット	1.22 mV	74.0 dB
14ビット	305 μV	86.0 dB
16ビット	76.3 μV	98.1 dB
18ビット	19.0 μV	110.1 dB
20ビット	4.77 μV	122.2 dB
22ビット	1.19 μV	134.2 dB
24ビット	0.30 μV	146.2 dB

LSB:最下位ビット

第14章

ベタ・グラウンドの設計テクニック

石井 聡 Satoru Ishii

本章では，アナログ回路のノイズやグラウンド電位の誤差を低減するグラウンド・プレーンの構成や部品配置方法について解説します．

ノイズ発生のしくみ

● 多層基板の1つの配線層をグラウンド・プレーンにしただけではダメ

第11章のコラムで，両面基板のグラウンド・パターンの描き方のポイントを示し，どうすれば低インピーダンスなグラウンドを実現できるかを説明しました．

多層基板を利用して，そのうちの1つの配線層をグラウンド・プレーンとすれば，安定したグラウンドが確保できるだろうと考えがちです．しかし全面グラウンド・プレーンであっても，回路構成によっては，クロストークによるトラブルが生じたり，精度やSNRが劣化したりします（図1）．

その理由は次のとおりです．

- 多層基板のグラウンド・プレーンにも銅の抵抗率による寄生抵抗がある
- グラウンド・プレーンを小抵抗のメッシュ・モデルとして考えると，電流の流れは均一ではない（第1章参照）
- プリント基板上での被害者はアナログ回路（第11章参照）

● 例題

グラウンド・プレーンをもつミックスド・シグナル・プリント基板を例にして，SNR劣化の原因をみてみます．

写真1に実験用の両面基板，図2に基板レイアウトを示します．グラウンド・プレーンは全面がベタ・パターンであり，十分に低インピーダンスだと考えられますが，最適ではありません．

基板内レイアウト図（4層基板）

多層基板の1層をグラウンド・プレーンにしても，寄生抵抗が存在していて，アナログ回路が干渉を受けてしまうニャ

4層基板で，L2が全面グラウンド・プレーンなので，大丈夫だと思ったのですが，アナログ回路の性能が出ません！

領域ごとのレイアウトも悪いニャ…

4層基板のL2レイアウト図．全面グラウンド・プレーンになっているが…

図1　多層基板を使っても精度やノイズの問題から逃げられるわけじゃない

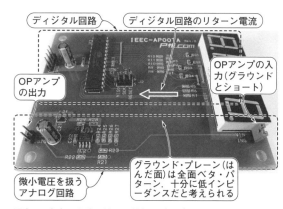

ディジタル回路

ディジタル回路のリターン電流

OPアンプの出力

OPアンプの入力（グラウンドとショート）

微小電圧を扱うアナログ回路

グラウンド・プレーン（はんだ面）は全面ベタ・パターン．十分に低インピーダンスだと考えられる

写真1　本章の実験に使った基板：ディジタル回路と同居するアナログ回路のノイズが小さくなるグラウンド・プレーンの描き方を検討する

グラウンド・プレーンのリターン電流によりノイズが発生することを確認する．微小信号を扱う回路とマイコンで7セグメントLEDをダイナミック駆動する回路が同居している

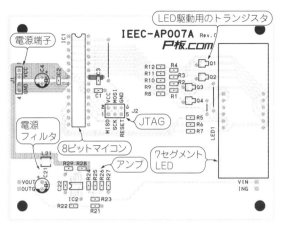

図2 写真1の基板レイアウト(部品配置や回路ブロック)

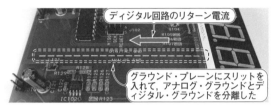

写真2 グラウンド・プレーンにスリットを入れると，リターン電流によるクロストークが減る
製作した基板の部品面

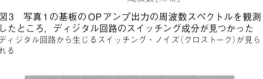

図3 写真1の基板のOPアンプ出力の周波数スペクトルを観測したところ，ディジタル回路のスイッチング成分が見つかった
ディジタル回路から生じるスイッチング・ノイズ(クロストーク)が見られる

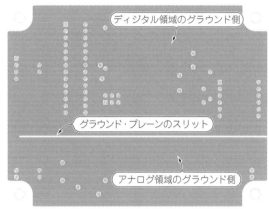

図4 スリットを入れたはんだ面のグラウンド・プレーン(部品面視)

実験用の基板上には微小電圧を扱うアナログ回路があり，その隣にディジタル回路(7セグメントLEDの回路)が動作しています．アナログ回路のOPアンプAD8616(アナログ・デバイセズ)で入力信号を10倍に増幅します．

図3はスペクトラム・アナライザで基板上のOPアンプ出力の周波数スペクトルを観測したところです．マイコンで7セグメントLEDをダイナミック駆動しているため，このディジタル回路から生じるスイッチング・ノイズ(クロストーク)が観測されています．

● ディジタル回路の変動電流により微小信号アナログ回路領域に生じるクロストーク

本実験では，OPアンプの入力はグラウンドとショートしていますが，図3に示したマーカ周波数で2.9 μVのノイズが生じています．このノイズは，

(1) OPアンプの入力はグラウンドとショートしているので，入力信号は加わっていない
(2) 7セグメントLEDをダイナミック駆動する電流があり，そのリターン電流が，はんだ面(L2)のグラウンド・プレーンに流れている
(3) このリターン電流により，グラウンド・プレーンに電圧降下が生じ，アナログ回路に干渉を与え，クロストークが生じる

というつながりによるSNRの劣化です．

グラウンド・プレーンなのでクロストークは限定的ともいえますが(スイッチングが低速であることも理由)，依然としてクロストークが存在しています．これは第11章で説明したことと同じしくみです．物理則がそのまま，プリント基板で生じているわけです．

ノイズ対策

技① グラウンドにスリットを入れて分離するとノイズが減る

本対策はシンプルです．全面グラウンド・プレーンであったL2のアナログ・グラウンドとディジタル・グラウンドを分離します．写真2に製作した基板を示します．分離の方法は，図4に示すようにベタ・パターンにスリット(Slit)を入れればよいのです．スリットとは切れ目／細い隙間のことです．

この改善によって得られたOPアンプ出力の周波数スペクトルを，図5に示します．ディジタル回路のスイッチング・ノイズ(クロストーク)が1.4 μVとなり，SNRを約6.4 dB改善できたことがわかります．この低減分がスリットを入れたことによる効果です．

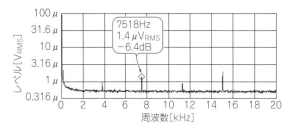

図5　スイッチング・ノイズは1.4 μVに低減．図3に比べSNR
を約6.4 dB改善された
改善した基板で周波数スペクトルを観測した

技② 部品配置を変更してリターン電流を確保する

　L2のグラウンド・プレーンはベタ・パターンのまま
で，プリント基板上での部品配置で問題を改善するア
プローチもあります．本対策は，高速/RF信号を取り
扱う基板で，前述のグラウンド・プレーンにスリット
を入れる対策が取れないケースで利用する方法です．

　ベタ・パターンでは電流は均一に流れるのではなく，
距離が一番近い（抵抗が一番低い），直線で結んだとこ
ろに多くの電流が流れます．高速信号の場合は，イン
ピーダンスが一番低い経路に電流が流れます．

　そこで部品配置を図6のように修正して，リターン
電流の流れるルートを最適化することで，SNRを改
善できます．

　それでも第1章の図4に示したように，直線で結ん
だ電流経路からどれだけ離れようとも，リターン電流
は0 Aにならないので，図3で示したトラブルを，完
全には排除できません．

　ここでの考え方は，実現したい精度/SNRに対して
の程度問題（設計仕様で規定した，精度/SNRが満足
できればよい）ということです．

グラウンド・プレーンでの電位こう配によって生じる誤差やノイズの対策

■ 例題

　図7にグラウンド・プレーンでの電位こう配が発生
する4層基板の例を示します．プリント基板での物理
則という点では，これまでの説明と同じです．

　基板の上端は電源接続端子，下側はパワー系回路で
す．パワー系回路は，モータなどの外部の機器を駆動
するものと考えてください．そのほかは次の構成です．

- パワー系回路に供給される電流は（L3から）10 A
- L2のグラウンド・プレーンにリターン電流が流れる
- 基板サイズは100×150 mm
- 左側の一部に，高精度や高SNR特性が要求され

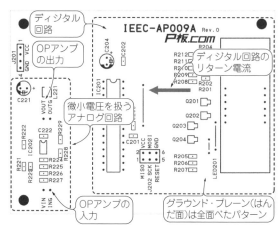

図6　ベタのグラウンド・パターンに手を加えなくても，部品の
配置を調整するだけでスイッチング・ノイズを減らすことができる

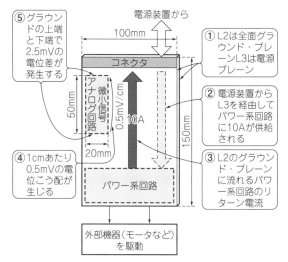

図7　グラウンド・プレーンの中でも電位こう配は発生している
グラウンド・プレーンに流れるパワー系回路の電流が原因で，グラウン
ドの上下方向の位置によって電位差が異なる

　る，微小信号アナログ回路領域がある
- アナログ領域は，20×50 mmの面積．アナログ
　領域のグラウンドもL2のグラウンド・プレーン
　になっている

■ グラウンドの電位こう配の原因

　図7に示す長手方向（上下方向）1 cmあたりの寄生抵
抗値を，第1章の式(1)に代入すると，銅はく厚35 μm
で，0.5 mΩ/cm²と計算できます．

　図7に示した広いグラウンド・プレーンに，パワー
系回路のリターン電流10 Aが流れます．10 Aにより，
長手方向で1 cmあたり，0.5 mVの電位こう配（電圧値
が位置により変化していくこと）が発生します．左右
方向で1 cmあたり1 Aの電流量になるので，このよ
うに計算できます．微小信号アナログ回路領域は長手

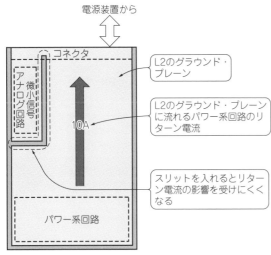

図8　グラウンド・プレーンにスリットを入れるだけで，アナログ回路領域のグラウンド電位が安定する
L2を表記している

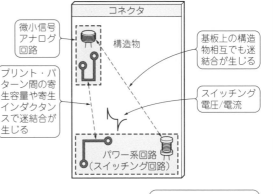

図9　スイッチング回路では，スリットや部品配置で電流を分離しても，寄生容量や寄生インダクタンスによる迷結合が生じるので，問題解決は難しい

方向が50 mmなので，上端から下端で，2.5 mVのグラウンド電圧変化/電位差（電位こう配）が生じます．これにより微小信号アナログ回路領域のグラウンド電位が，長手方向の位置ごとに変わり，誤差やノイズにより微小信号アナログ回路の*SNR*劣化が生じます．

2.5 mVはアナログ回路で無視できない誤差なので高精度/高*SNR*システムを実現できません．

技③ 対策…グラウンド・パターンの電位こう配もスリットを入れる

本トラブルを改善するにも，図8のように，L2のグラウンド・プレーンにスリットを入れます．こうするとL2のグラウンド・プレーンで生じる，基板の長手方向の電位こう配による，グラウンド電圧変化/電位誤差を回避できます．

微小信号アナログ回路領域内の電圧の基準となるグラウンド電位は，スリット上端のところで決まり，アナログ領域内のグラウンド電位は一定になるので，*SNR*を改善できます．

技④ スイッチング回路では寄生容量/インダクタンスによる迷結合が生じる

本章ではグラウンド・プレーンにスリットを入れる方法や，図6の部品配置で問題を改善する方法を説明しました．図7の例でも，部品配置で改善するなら，

電源の接続端子と，パワー系回路をできるだけ近接させ，微小信号アナログ回路領域をそこから離せばよいとも考えられるでしょう．しかし，以下のような問題もあります．

- 説明は，L2のグラウンド・プレーンの寄生抵抗についてだけ考えてきた
- とくにスイッチング回路においては，図9のようにプリント・パターン間の寄生容量や寄生インダクタンスによる迷結合も生じる
- 迷結合はプリント・パターン間だけでなく，図9のように，電子素子/電子部品も含めた，基板上の構造物相互でも生じる

そのためスリットや部品配置での分離による対策だけでは，微小信号アナログ回路領域に対して（程度は低減するものの），依然として干渉を与えることがあるので，慎重に基板レイアウトを検討します．

＊　　　＊　　　＊

本稿の議論は，幾分ノウハウ的に見えるかもしれません．しかし物理則を基本としたアプローチから考えてみれば，1点アースと同じで，物理則どおりです．

第15章

繊細な微小信号配線を守る
ガード・パターン

石井 聡 Satoru Ishii

本章ではプリント・パターン間の迷結合で生じる漏れ電流や周辺回路からの干渉を防ぐガード・リングについて解説します.

高インピーダンス回路は周囲の影響を受けやすい

一般的に高インピーダンス回路は低周波で動作します. そのため低い周波数帯域での動作を最適化します.

図1は高インピーダンス回路の例とした,微小電流/電圧変換回路です. 信号源であるフォトダイオードで生じた微小電流がOPアンプ回路で電圧に変換され,出力に電圧が現れます. Ⓐの端子部分は,フォトダイオード,OPアンプの反転入力端子,高抵抗が接続されています. フォトダイオードは等価抵抗が数GΩ以上あり,OPアンプの入力端子も同様です. つまりⒶは,高インピーダンスな端子です.

技① 低周波帯の高インピーダンス回路は高抵抗でシンプル化できる

図1の端子Ⓐをさらにシンプルにしてみると,図2に示すように片側の端子が開放,反対側がグラウンドに接続された,高抵抗としてモデル化できます.

図1の回路を実際に製作しました. 図2に示す高抵抗を1MΩとして,その開放端子にオシロスコープのパッシブ・プローブを接続します. その端子を手で触ったときオシロスコープで観測される電圧のようすを,図3に示します. 3V$_{P-P}$程度の電圧が観測されますが,これは人体に誘導された,その人体の周囲にある商用100V電源からの誘導電圧です.

技② 高インピーダンス回路は周囲からの干渉を受けやすい

周囲からの干渉は,高インピーダンス回路へのノイズ(クロストーク)となり,高精度/高SNRシステムの特性を劣化させてしまいます. プリント基板上においても,全く同じしくみです.

1MΩの高抵抗を100Ωに換えて,低インピーダン

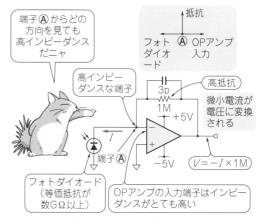

図1 例題…高インピーダンスな「微小電流/電圧変換回路」
高インピーダンス回路は低周波数で動作するものが多い

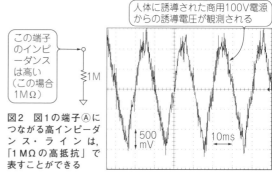

図2 図1の端子Ⓐにつながる高インピーダンス・ラインは,「1MΩの高抵抗」で表すことができる

図3 1MΩの高抵抗の端子を手で触ったときの電圧波形
3V$_{P-P}$の電圧が観測されている. 高インピーダンス回路は周囲からの干渉を受けやすい

スな回路にして同じ実験をしてみました. 図4にその結果を示します. 図4では,図3のような電圧は観測されません. つまり高インピーダンスであればあるほど,周囲からの干渉を受けやすいことがわかります. プリント基板上においても,同じしくみです.

図1の端子Ⓐ部分がプリント基板上にあるとき,その端子,つまり高インピーダンスのプリント・パター

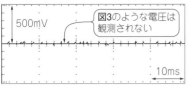

図4 図3の1MΩを100Ωに換えると余計な電圧は発生しない
低インピーダンス回路は周囲からの干渉を受けにくい

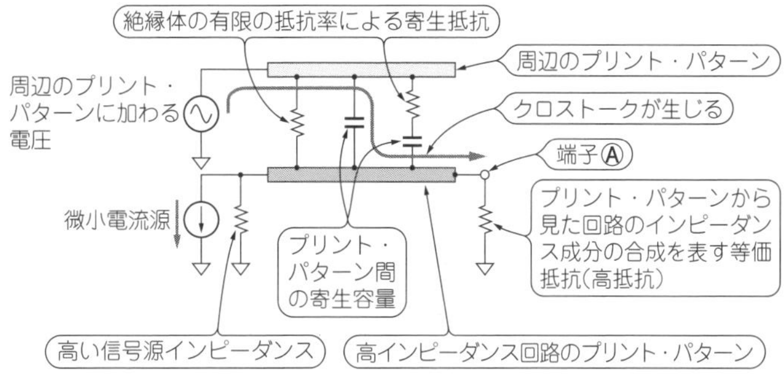

▶図5 高インピーダンス回路の配線が周囲のプリント・パターンの干渉を受けるしくみ
等価的にモデル化した

（右上の図中ラベル）
絶縁体の有限の抵抗率による寄生抵抗
周辺のプリント・パターン
周辺のプリント・パターンに加わる電圧
クロストークが生じる
端子Ⓐ
微小電流源
プリント・パターン間の寄生容量
プリント・パターンから見た回路のインピーダンス成分の合成を表す等価抵抗（高抵抗）
高い信号源インピーダンス
高インピーダンス回路のプリント・パターン

ンが，周辺の配線から干渉を受ける（クロストークが生じる）状態は，**図5**のようにモデル化できます．

技③ 絶縁抵抗は無限大ではなく，絶縁体の抵抗率による有限の値が生じる

2つのプリント・パターン間は，絶縁体であるガラス・エポキシ（FR-4材料）とレジストがあります．しかし，絶縁抵抗は無限大ではなく，絶縁体の抵抗率による有限の値，つまり寄生抵抗が生じます．

プリント・パターン間の寄生容量もあります．

寄生抵抗／寄生容量を通じて，**図1**の端子Ⓐ部分に相当する高インピーダンスの端子と，周辺のプリント・パターンに加わる電圧との間で，リーク（漏れ）電流が流れてしまいます．これも迷結合です．

ガード・リングが有効な回路 ① 高インピーダンス回路

技④ プリント・パターンで生じるリーク電流を軽減するガード・リングを活用する

高インピーダンス回路は周囲の干渉を受けやすいです．高精度／高SNRシステムを実現する上で，生じるリーク電流を遮断（軽減）する必要があります．この対策としてガードという技術を活用できます．ガードは高インピーダンスのプリント・パターンを，それと同一電位の低インピーダンスのパターンで囲むというテクニックです．これをガード・リングといいます．この実例を，**図6**に示します．

技⑤ ガード・リングの有効性はオームの法則で説明できる

高インピーダンスのプリント・パターンと，ガード・リングとの間には，依然として絶縁体の寄生抵抗，配線間で形成される寄生容量が存在しています．

ガードすると，高インピーダンスのプリント・パターンと，ガード・リング間の電位差は0Vになります．リーク電流Iはオームの法則から求められます．

$$I = V/Z_P \cdots\cdots\cdots\cdots\cdots\cdots\cdots (1)$$
ここで，V：高インピーダンスのプリント・パターンとガード・リング間の電位差[V]，Z_P：プリント・パターンとガード・リング間に存在する寄生インピーダンス[Ω]

寄生インピーダンスZ_Pが存在していても，プリント・パターン間の電位差Vは0Vです．したがって，リーク電流Iも0Aとなり，高インピーダンスのプリント・パターンには周囲からの迷結合が生じなくなります．ガード・リング周辺のプリント・パターンとガード・リングの間には，迷結合によるリーク電流が生じたままです．しかし，このリーク電流はガード・リングから，グラウンドまたは低インピーダンスの経路に流れます．

これがガードの有効性の考え方です．

技⑥ ガード・リングは低インピーダンスなので周囲の干渉を受けにくい

低インピーダンスな回路であるガード・リングは，**図4**に示す100Ωの抵抗と同じ構成です．100Ωの抵抗を手で触っても電圧が観測されないのと同じように，ガード・リングも周囲の影響を受けにくくなります．もともと高インピーダンスのプリント・パターンが，この周囲の回路と直接隣接していたものが，ガード・リングで防御（ガード）されるという考えです．これでガード・リングの効果に気づくと思います．

ガード・リングが有効な回路 ② 微小電流／電圧変換回路

「同一電位の低インピーダンスのプリント・パターンで囲む」と説明しましたが，どのようにつくればよいでしょうか．あらためて**図6**を見てください．

技⑦ 微小電流／電圧変換回路はグラウンド電位でガード・リングを形成する

図7（a）に示す微小電流／電圧変換回路で説明します．OPアンプは2つの入力端子間の電圧が同じになるよ

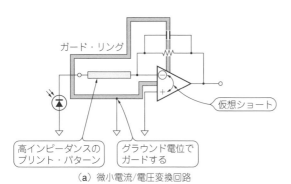

(a) 微小電流/電圧変換回路

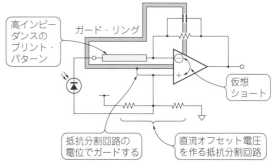

(b) 高インピーダンス入力の非反転アンプ

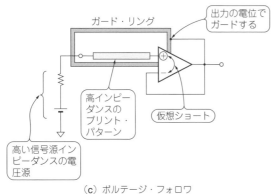

(c) ボルテージ・フォロワ

(d) 微小電流/電圧変換回路で直流電圧オフセットが加わっているとき

図6　ガード・リンクの方法

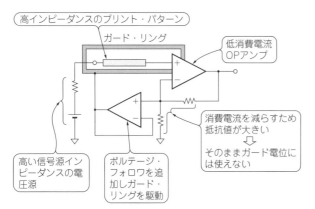

(a) ガード・リングとしたい電圧をボルテージ・フォロワ回路に通す

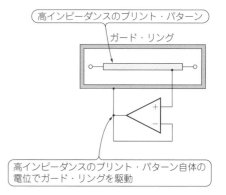

(b) 応用な技として高インピーダンスのパターンの電圧をボルテージ・フォロワ回路に通す方法もある

図7　ガード・リングを駆動する低インピーダンス電圧源がないときはボルテージ・フォロワを追加すればいい

うに動作し（これを仮想ショートという），出力電圧が決まります．本回路では，＋入力端子はグラウンドに接続されています．仮想ショートにより，高インピーダンスである−入力端子もグラウンド電位になります．

つまりグラウンド電位でガード・リングを形成します．図6(a)のように，グラウンド電位で高インピーダンスのプリント・パターンを囲めば（ガードすれば）よいのです．

ガード・リングが有効な回路③ 非反転アンプ

技⑧ 高インピーダンス入力の非反転アンプでは帰還回路にガード・リングを接続する

図6(b)の高い信号源インピーダンスの電圧源を増幅する非反転アンプでは，OPアンプの＋入力端子（高

インピーダンス入力)は,グラウンド電位ではなく,信号入力電圧である電圧値になっています.このようなときにも,OPアンプは仮想ショートにより,−入力端子は+入力端子の電圧に追従するように動作します.つまりガード・リングは,−入力端子の電圧をつくる帰還回路(抵抗分割回路)に接続します.

図6(a)ではグラウンドに直接接続できたので,非常に低いインピーダンスのガードが構成できています.しかし図6(b)は抵抗分割になっており非常に低いとはいえません.

図6(b)のような回路では,帰還抵抗として数kΩが用いられます.図4の100Ωに示す抵抗の例からもわかるように,このオーダの抵抗値であれば,周囲の影響を十分受けにくいレベルになります.

また−入力端子から見た等価抵抗値も,2つの抵抗の並列接続の大きさになるので,抵抗値自体としてもさらに低くなります.

そのためガード・リングを構成する点からすれば,ほとんど問題ありません.ただしガード・リングにより寄生容量が生じるため,OPアンプの安定性が低下し異常発振を引き起こす可能性があるので,慎重に検討してください.

ガード・リングが有効な回路 ④ ボルテージ・フォロワ

技⑨ ボルテージ・フォロワならガード・リングはOPアンプ出力に接続する

図6(c)はボルテージ・フォロワという回路です.ガード・リングはOPアンプ出力(−入力端子に接続されている)に接続します.

これも考え方は同じです.OPアンプの+入力端子は高インピーダンスです.しかし,仮想ショートにより,−入力端子は+入力端子の電圧に追従し,同電位になるように動作します.OPアンプ出力をガード・リングに接続すれば,ガード・リングの電位が入力電圧に追従して変化し,ガードを構成できます.

非反転アンプと同様にガード・リングにより生じる寄生容量で,OPアンプが異常発振を引き起こす可能性があるので留意してください.

技⑩ 直流オフセット電圧が加わっているときは+入力端子に接続する

図6(d)は図6(a)と同じ微小電流／電圧変換回路です.ガードは図6(b)の構成とします.ガード・リングはOPアンプの+入力端子に接続します.回路に直流オフセット電圧を与えるため,+入力端子は抵抗分割回路で電源に接続されています.−入力端子は仮想ショートにより,抵抗分割で得られた+入力端子の電

圧に追従します.

つまりガード・リングは,+入力端子の電圧をつくる抵抗分割回路に接続すればよいのです.図6(b)と同じく,抵抗分割に使用される抵抗は数kΩです.このオーダであれば,周囲からの影響をほとんど受けません.

そのためガード・リングを構成する点からすれば,ほとんど問題ありません.

ガード・リングが有効な回路 ⑤ ガード・リングを駆動する電圧源

技⑪ 低インピーダンスなガード・リング駆動源が得られないときはバッファを通す

ガード・リングを駆動する電圧源について次のように説明しました.

- 高インピーダンスのプリント・パターンと同電位である
- 数kΩオーダのインピーダンスをもつ端子から取り出しても,性能の劣化が少ない

低インピーダンスなガード・リング駆動用電圧源が得られないことがあります.図6(d)で,消費電流低減のため,抵抗分割回路の抵抗値を小さくできないときなどです.

そのようなときには,図7(a)に示すように,ガード・リングとしたい電圧を低消費電流OPアンプのボルテージ・フォロワ(バッファ)を通して,ガード・リング駆動用電圧源として用意します.

応用な技とした場合,図7(b)のように,高インピーダンスのプリント・パターンの電圧自体を,ボルテージ・フォロワを通してインピーダンスを低下させ,ガード・リング駆動用電圧源にする方法も考えられます.しかしバッファとして追加したOPアンプの電流性入力ノイズが,抵抗分割回路やガードしたいプリント・パターンの高インピーダンスで電圧降下(ノイズ)を発生します.また抵抗分割回路自体の抵抗により,熱ノイズも発生します.そのため*SNR*が劣化するので,基本的にはお勧めできません.

技⑫ 全てグラウンドでガードしておけば大丈夫という考えはよくない

直感的に,ガード・リング駆動用電圧は高インピーダンスのプリント・パターンと同電位でなくても,シールドと同じように,グラウンドでガード・リングを構成すればよいだろうと思う人がいるかもしれません.

ここまでのしくみからわかるように,高インピーダンスのプリント・パターンに対して,余計なリーク電流を流さないように構成する必要があります.そのためガード・リング駆動用電圧は,高インピーダンスのプリント・パターンと同電位の電圧源から得る必要が

あります.

ガード・リングが有効な回路 ⑥ 超高インピーダンス回路

技⑬ テフロン端子を使って空中配線する

ガードという手法を使わずに，高いインピーダンス

回路を実現するためには，**写真1**に示すようなテフロン端子を用いて，**図8**のように空中配線する技もあります．これは超高インピーダンス回路でよく使われる手法です．プリント基板と接続する部分には，ガード・リングを構成する必要があります．

column▷01　ガード・リングは寄生相互インダクタンスには効かない

本文では高インピーダンス回路における寄生抵抗の視点で，リーク電流について説明しています．迷結合という観点からすれば，抵抗性要素だけでなく，容量性や誘導性の影響もあります．

寄生容量による迷結合への有効性

技Ⓐ ガード・リングを幅広の プリント・パターンにする

図Aに高インピーダンスのプリント・パターン/ガード・リング/周辺パターンの断面を示します．**図A**のような構成では，プリント・パターン間でフリンジ容量（浮遊容量）が形成されます．したがって，ガード・リングがないと，高インピーダンスのプリント・パターンと周辺パターンが，フリンジ容量で迷結合します．

図Aの構造を**図B**に示します．**図B**は第4章の**図6**と同じモデルです．**図B**のC_{12}とC_{23}の間（ガード・リング）がグラウンドに接続されているので，前述の迷結合を低減できます．

このしくみからすれば，ガード・リングを幅広のプリント・パターンにしておくと，周辺パターンと

ガード・リングとの容量を増大でき，高インピーダンスのプリント・パターンへの寄生容量による迷結合を低減できます．

それでも**図B**のC_{13}による迷結合の経路がありますので，万全とはいえません．

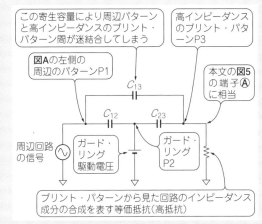

図B　図Aの構造の等価回路
図Aの左半分をモデル化した．C_{12}とC_{23}の間にガード・リングがあり，グラウンドに接続されているので，迷結合を低減できる

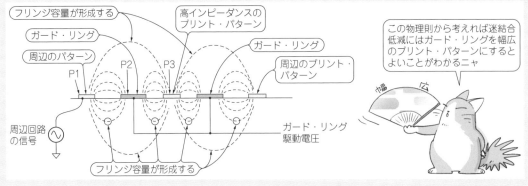

図A　高インピーダンスのプリント・パターン/ガード・リング/周辺パターンの断面

ガード・リングが有効な回路 ⑦ 多層基板

技⑭ 1つ下の層のグラウンド・プレーン層にもガード・パターンを配置

図9に，超微小電流を検出(電流/電圧変換)するた

めに開発された，ADA4530-1(アナログ・デバイセズ)の回路構成と評価ボードのガード・リングの基板レイアウトを示します．ADA4530-1は図9(a)のように，ICにガード・リング駆動専用電圧出力が内蔵されている特殊なタイプのOPアンプです．

増幅する対象が超微小電流なので，IC単体だけでなく評価ボードにも，高度なガード技術が応用されて

石井 聡

寄生相互インダクタンスによる迷結合への有効性

技Ⓑ 寄生インダクタンスの迷結合で生じる外来ノイズの低減は限定的

寄生相互インダクタンスの視点で考えてみます．ガード・リングにより外来ノイズを抑える効果は寄生容量に比べ，さらに限定的です．図Cは高インピーダンスのプリント・パターン/ガード・リング/周辺パターンを上面から見たところです．ファラデーの電磁誘導の法則(第7章)のしくみからすると，ガード・リングは閉ループの導体に相当します．

図Cにおいて，周辺のプリント・パターンの変動電流で発生する変動磁界が，ガード・リングの閉ループ内を通過(鎖交)したとします．それによりファラデーの電磁誘導の法則で，ガード・リングに起電力が発生します．ガード・リングは閉ループになっているので，起電力により電流が流れます．この電流は図Cのように，ループ内を鎖交する変動磁界を打ち消すように磁界を発生させます．これは物理則レンツの法則によるふるまいです．

この現象と似た条件をMaxwell SVに与えてシミュレーションした結果を図Dに示します．通過する変動磁界と，発生した磁界はキャンセルされ，閉ループであるガード・リング内の変動磁界量は幾分低減しています．結果的に高インピーダンスのプリント・パターンに結合する変動磁界を低減できます．

それでも高インピーダンスのプリント・パターン側に迷結合する経路は複雑になりがちで，万全ではありません．またガード・リング内の各所を貫く外部変動磁束量と，キャンセルできるはずの磁束量は場所ごとで同じになりません．これらのことからも「限定的」ということが理解できます．

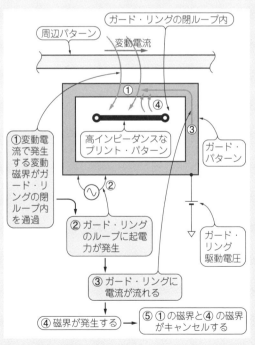

図C 図Aを上面から見たところ
寄生相互インダクタンスの影響で外来ノイズを抑える効果は寄生容量に比べ限定的である

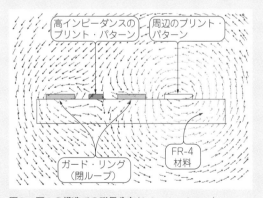

図D 図Aの構造での磁界分布(シミュレーション)
ガードリング内の変動磁界量は少し低減している．Maxwell SVでは変動磁界の解を得ることができないので，静磁界シミュレーションを用いて，似たようなプロットが得られるようにした

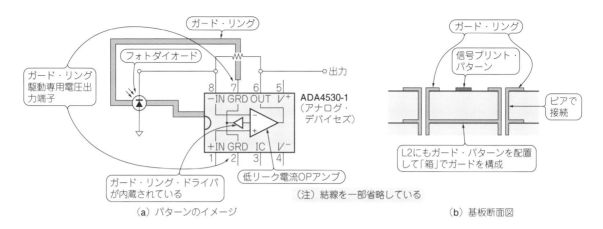

（a）パターンのイメージ

（注）結線を一部省略している

（b）基板断面図

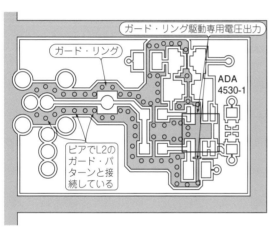

（c）表面層（L1）のガード・リングのレイアウト

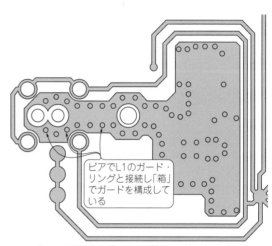

（d）内層（L2）のガード・パターンのレイアウト

図9 超微小電流を増幅するため設計されたADA4530-1（アナログ・デバイセズ）の評価ボードEVAL-ADA4530-1のガード・レイアウト
超微小電流を扱う基板では複数の配線層があるため層間でリーク電流が生じる可能性がある．L1だけでなくL2のガード・パターンも考えて基板を設計する

写真1 空中配線で利用するテフロン端子FX-3（マックエイト）

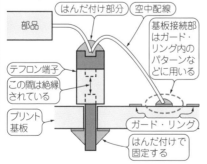

図8 テフロン端子で空中配線する方法
超高インピーダンス回路で利用される

います．**図9（c）**はADA4530-1の評価ボード（EVAL-ADA4530-1）のL1の基板レイアウトです[1]．微小電流の流れる高インピーダンスなプリント・パターン

がガード・リングで囲まれ，ADA4530-1のガード・リング駆動専用電圧出力から駆動されています．

超微小電流ということを考えてみます．プリント基板は複数の層にプリント・パターンがあるため，層間でもリーク電流が生じる可能性があります．単一の層（ここではL1）だけに着目すればよいものではありません．このためADA4530-1の評価ボードでは，**図9（d）**のように，1つ下の層のグラウンド・プレーン層（L2）にも，ガード・パターンを配置して，L1とビアで接続しています．このように「箱」でガードを構成することで，超微小電流／高インピーダンスな信号も適切に検出できます．

◆参考文献◆
(1) ADA4530-1評価ボード EVAL-ADA4530-1 Gerber File，アナログ・デバイセズ．http://www.analog.com/jp/ADA4530-1

column▷02 ベタ・グラウンドを強くするためのビア打ち

石井 聡

● ベタ・グラウンドを広くしても寄生インピーダンスは小さくならない

グラウンドの寄生インピーダンスを低下させることは，基板設計において非常に重要です．この基本はベタ・グラウンドにして，広いプリント・パターンを確保するという方法です．

両面基板においてやりがちなこととして，図Eのように部品面とはんだ面にそれぞれ広いベタ・グラウンドを用意したから，これで十分という設計です．

図Eの基板設計を参照すると，部品面とはんだ面とを接続するビアの数が極端に少ないことに気がつきます．それぞれの面は広いベタ・グラウンドですが，両面の間はビアがないので，十分な電気的接続が形成されていません．

● ベタ・グラウンドの島の間は寄生インピーダンスが大きい

部品面だけを見ても，2つに分かれたベタ・グラウンドの島になっています．それぞれはんだ面と接続されるビアの数が少ないため，この2つの島の間の寄生インピーダンスも高くなってしまいます．

技© 多くのビアを打つとグラウンド全体の寄生インピーダンスが小さくなる

グラウンド全体の寄生インピーダンスを低下させるため，部品面とはんだ面のベタ・グラウンド間は，図Fに示すようにたくさんのビアを打って，それぞれを縫い合わせるように接続します．

たくさんのビアを打つことで，それぞれの面のグラウンド間が並列接続され，より低インピーダンスで良好なグラウンドを実現できます．

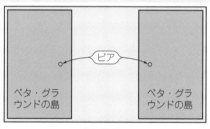

（a）部品面

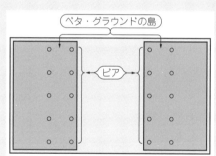

（a）部品面

（b）はんだ面

図E 部品面とはんだ面にそれぞれ広いベタ・グラウンドを用意した基板

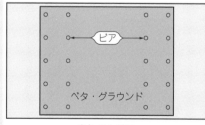

（b）はんだ面

図F それぞれのベタ・グラウンドをビアで接続しグラウンド全体の寄生インピーダンスを低減する

寄生成分

グラウンド

アナログ回路

高速ディジタル

電源回路

第16章

A-D コンバータの AGND/DGND設計テクニック

石井 聡 Satoru Ishii

本章ではグラウンド・パターンの正しい描き方を解説します.

グラウンドは電子回路の動作基準なので,基板設計において最も重要といっても過言ではありません.グラウンド配線が適切でないと,信号ラインにノイズがのり,測定誤差が発生したり,目的の分解能まで精度が出なかったりします.例題の分解能16〜24ビット,数MbpsまでのA-D/D-Aコンバータ搭載基板は,アナログ回路とディジタル回路のグラウンドがあるので,グラウンド・パターンの配線技術をマスタするには,もってこいです.

グラウンド設計の基本

技① A-D/D-Aコンバータは アナログ回路として取り扱うべし

ミックスド・シグナル回路で用いられるA-D/D-Aコンバータは,アナログ回路(アナログ信号:物理波形)とディジタル回路(ディジタル信号:数値)のあいだをつなぐ変換器です.そのため電子回路システム実現のうえで,難易度が高いものです.

この章では,この難しいA-D/D-Aコンバータのプリント基板へのレイアウトの考え方を,オームの法則から始まる,高校の物理の授業で習った法則…物理則から考えていきましょう.

最初に「A-D/D-Aコンバータはアナログ回路なの? ディジタル回路なの?」という疑問が出てくると思います.基本的な考え方は,A-D/D-Aコンバータはアナログ回路として取り扱うということです.それぞれ「アナログからディジタルに」と「ディジタルからアナログに」変換するという違いはありますが,プリント基板設計については,ほぼ同じように考えることができます.この視点に立ってプリント基板を設計します.それではまず,A-D/D-Aコンバータのグラウンドの話に入っていきましょう.

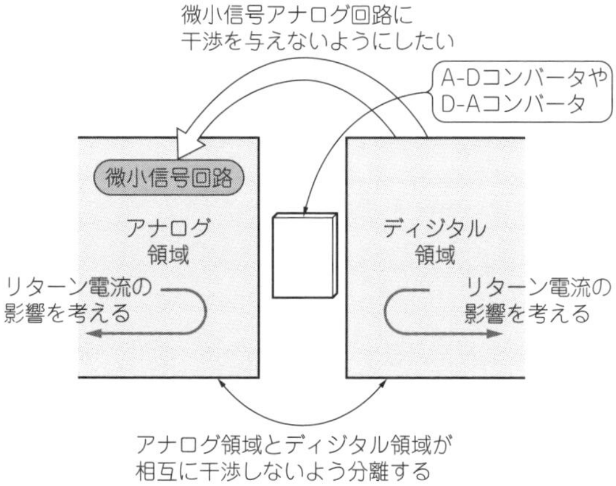

図1 A-D/D-Aコンバータが搭載されているミックスド・シグナル・プリント基板でもアナログ領域とディジタル領域は分離して適切にレイアウトする

技② 多層基板の内層には ベタのグラウンド・パターンを入れる

グラウンドは,プリント基板上で動作する素子の基準電位です.ミックスド・シグナル・プリント基板ではとくに重要です.良好なグラウンドを実現するために,多層基板を用いてグラウンド・プレーンを形成します.まずは少なくともここがポイントといえます.

技③ A-D/D-Aのアナログ 領域とディジタル領域は分離せよ

ミックスド・シグナル・プリント基板において,アナログ領域とディジタル領域は,分離したうえで適切にレイアウトします.A-D/D-Aコンバータが搭載されている基板でも,基本的な考え方はまったく同じです.

図1に示すように,A-D/D-Aコンバータがアナログ領域とディジタル領域の間にレイアウトされます.それ以外の部分は,次の視点を元にレイアウトします.

- とくに微小信号アナログ回路に干渉を与えないように迷結合として影響のある箇所ごと離す
- リターン電流の影響を考える

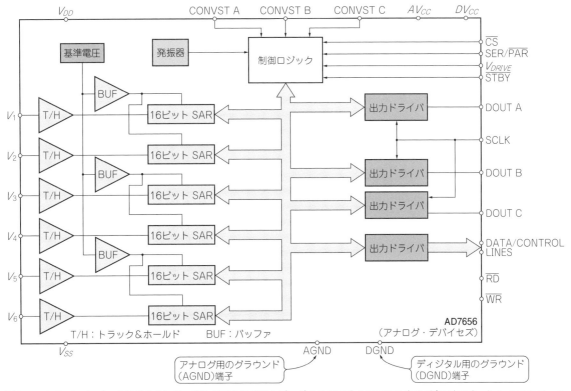

図2 A-D/D-Aコンバータはグラウンド・ピンがアナログ用とディジタル用に分かれているものが多い(16ビットA-Dコンバータ AD7656の例. データシート[1]のFigure 1より)

● A-D/D-AコンバータのAGND端子とDGND端子の正しい処理の方法

図2に,16ビットA-DコンバータICのAD7656[1](アナログ・デバイセズ)を示します. このようにA-D/D-Aコンバータは,グラウンド・ピンがアナログ用のAGND(Analog GND)端子と,ディジタル用のDGND(Digital GND)端子に分かれているものが多くあります. ここでプリント基板上のパターン配線として,AGND端子とDGND端子をどのように取り扱えばよいかという難問があります. 一方でこれはよくある質問でもあります. よくある間違いが,図3に示すような基板レイアウトです.

- AGND端子はアナログ領域のグラウンド・プレーンと接続
- DGND端子はアナログ領域から基板上で遠く離れたディジタル領域のグラウンド・プレーンと接続
- AGND端子とDGND端子の間は干渉しないように,数百Ωの抵抗で接続

アナログはアナログに,ディジタルはディジタルにという,セオリどおりとも思われる方法ですが,じつは適切ではありません. 分離するという基本概念とは少し異なるというのが,ここでの考え方のミソです.

図3 A-D/D-Aコンバータを「AGND端子はアナログ領域に,DGND端子はディジタル領域に,分離して接続しています」は実は間違い

技④ DGND端子とAGND端子の電位差をなくすべし

● DGNDはAGNDと同じように扱う

ここでの答えは,DGND端子もAGND端子と同じように取り扱うべきということです.

これは物理則というアプローチからすれば，矛盾するだろうと思うかもしれません．しかし以降の説明からも理解できるように，実際は妥協しつつ理論的な視点からはつじつまがあっているものなのです．

A-D/D-Aコンバータはミックスド・シグナルICですが，アナログICと同じように取り扱うべきです．そしてDGND端子もAGND端子と同じように取り扱うべきです．A-D/D-AコンバータをアナログICとして取り扱うとしても，基板全体のアナログ領域とディジタル領域のレイアウトの基本は，それぞれ分離することです．

● 周辺のディジタル回路のノイズがA-Dコンバータへのノイズとなる

図4に示すように，AGND端子とDGND端子がまったく異なるグラウンド・プレーンに接続されると，次の不具合が発生します．

- そのグラウンド・プレーン間に存在する電位差（原因は周辺のディジタル回路のスイッチング・リターン電流と，グラウンドの寄生インピーダンス）が，グラウンド・ノイズ[注1] V_N になる
- V_N がAGND端子とDGND端子間に加わるノイズとなる
- ICチップ（ダイ：Die）上の，DGND端子に接続されている内部経路（ディジタル部位[注2]）を経由して，AGNDの内部経路（アナログ部位）に迷結合し，精度や SNR の劣化が生じる

ICチップ上だけでなく，図5に示すようにICフレームとチップを接続するボンディング・ワイヤという内部接続ワイヤでも，AGND端子ワイヤとDGND端子ワイヤ間で迷結合（寄生容量や寄生相互インダクタンスによるもの）が生じます．

図5は，アナログ・グラウンド・プレーン，ディジタル・グラウンド・プレーン，A-D/D-Aコンバータ内部のアナログ部位／ディジタル部位それぞれをモデル化したものです．このようにIC内部をモデル化すると，迷結合のしくみをより明確にイメージできます．

IC内部でもプリント基板上と同じように，ディジタル部位からアナログ部位に干渉が生じ，アナログ部位が被害者になっているのです．次の対策が必要です．

- DGND端子からのノイズを少なくする
- DGND端子とAGND端子の電位差をなくす
- DGND端子の周辺にノイズがない「静かなDGND端子」にする

技⑤ 手っ取り早い対策はアナログ・グラウンド・プレーンに両方の端子をつなぐ

DGND端子もアナログ・グラウンド・プレーンに接続すればよいことになります．

「深く考えずにパターン設計をするなら，どのようにAGND/DGND端子を接続すれば，一番手っ取り早く確実か」という質問があったとすると，「AGND端子とDGND端子ともどもアナログ・グラウンド・プレーンに接続する」が答えです．この理由を，AGND端子とDGND端子の両方をアナログ・グラウンド・プレーンに接続した図6のモデルを用いて考えてみましょう．この図6は，物理則からすれば図1の共通グラウンドと原理的には同じものです．

● 共通グラウンドはグラウンドのノイズが増す原因

この接続では，A-D/D-Aコンバータのディジタル数値情報を伝送するディジタル信号のリターン電流がアナログ・グラウンド・プレーンを経由しています．

- アナログ・グラウンド・プレーンが共通グラウンドになる
- ディジタル信号のリターン電流で共通グラウンドの寄生インピーダンスにより電圧変動が生じる
- アナログ回路に対してノイズ V_N となる

という共通グラウンドがある根本的問題の危険性が，未だ存在することに気がつくでしょう．

● AGND端子とDGND端子をアナログ・グラウンド・プレーンに接続してもグラウンド・ノイズは減る

多くのケースでうまくいくのが実際のところです．

- A-Dコンバータ出力/D-Aコンバータ入力のディジタル信号による電流はそれほど大きくない
- アナログ・グラウンド・プレーンを経由するディ

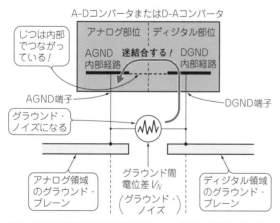

A-DコンバータまたはD-Aコンバータ

じつは内部でつながっている！

アナログ部位 | ディジタル部位

AGND内部経路　迷結合する！　DGND内部経路

AGND端子

グラウンド・ノイズになる

DGND端子

アナログ領域のグラウンド・プレーン

グラウンド間電位差 V_N（グラウンド・ノイズ）

ディジタル領域のグラウンド・プレーン

図4　AGND端子とDGND端子がまったく異なるグラウンド・プレーンに接続されるとグラウンド・プレーン間の電位差がIC内でノイズとなる

注1：本稿では，グラウンドに存在するインピーダンスに電流が流れることで生じる電位差の変動をグラウンド・ノイズと表現する
注2：以降でアナログ部位とディジタル部位という用語を用いるが，これはIC内部回路のそれぞれのブロックを指し示す

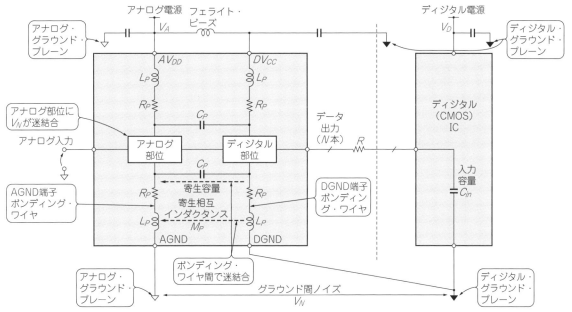

図5 アナログ・グラウンド・プレーン，ディジタル・グラウンド・プレーン，A-D/D-Aコンバータ内部のアナログ部位／ディジタル部位をモデル化し，AGND端子とDGND端子の不適切な接続状態でノイズが生じるようすを考える

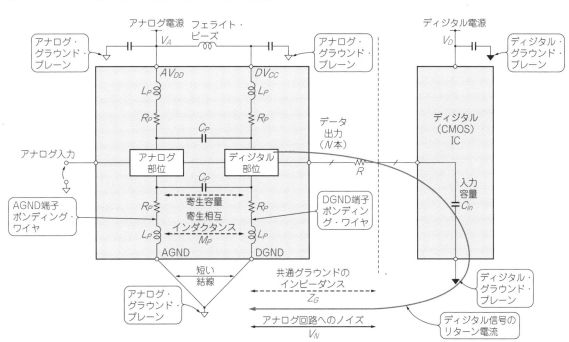

図6 図5を書き直しAGND端子とDGND端子をアナログ・グラウンド・プレーンに接続したモデル

ジタル信号のリターン電流はこのぶんだけである（少ない量）

● そのため，この少ないリターン電流がアナログ・グラウンド・プレーンを経由しても，そこで生じる電圧変動，つまりノイズは小さいものになる

図6をよくみてみると，ディジタル信号のリターン電流がアナログ・グラウンド・プレーンに流れる部分

の電圧変動（ノイズ）V_Nは，アナログ信号に対して影響を与えない．じつは共通グラウンドが形成されていないモデルになっています．これはA-D/D-Aコンバータと，周辺のアナログ領域／ディジタル領域のレイアウトを考えると理解できるでしょう．そのためアナログ回路は，大きな干渉を受けずに済みます．これまでの話からすれば，本質論では妥協に違いありませ

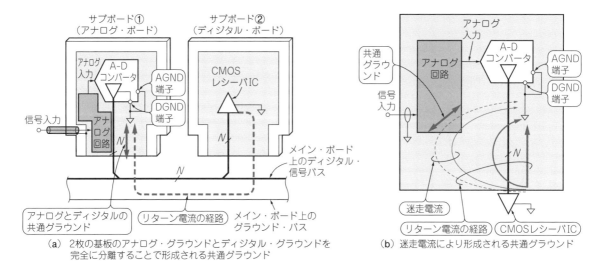

(a) 2枚の基板のアナログ・グラウンドとディジタル・グラウンドを完全に分離することで形成される共通グラウンド

(b) 迷走電流により形成される共通グラウンド

図7 共通グラウンドを完全になくすのは難しい

ん．しかしA-D/D-Aコンバータはアナログとディジタルの間を変換するICなので，双方の妥協点を探すという考え方が必要です．これは解決を程度問題として考えるアプローチ（設計仕様で規定した精度や SNR が満足できればよい）ともいえるものです．

▶共通グラウンドの形成① 複数の基板間の例

実際には，図6のモデルは精密ではなく，アナログ領域でディジタル信号のリターン電流との共通グラウンドが幾分か形成されてしまいます．

図7(a)はシステムのアナログ・グラウンドとディジタル・グラウンドが完全に分離していることで形成される共通グラウンドの例です．カード・エッジ・コネクタでメイン・ボードに接続される2枚の子基板（サブボード）などが例として挙げられます．

1枚がアナログ・ボードで，もう1枚がディジタル・ボードだと，ディジタル信号のリターン電流がアナログ・ボードのグラウンド・プレーンからカード・エッジ・コネクタを経由して流れ，このアナログ・ボードのグラウンド・プレーンで共通グラウンドが形成されます．プリント基板のパターンでも，レイアウトにより同様な共通グラウンドが形成されます．

▶共通グラウンドの形成② 迷走電流の流れる部分の例

グラウンド・プレーンでは，電流が流れる最短経路から離れたところでも，電流はゼロにはなりません（迷走電流[注3]が流れるともいうことができる）．この迷走電流が，図7(b)のようにアナログ・グラウンド・プレーンの想定外の部分に流れることにより，アナログ・グラウンド・プレーンに共通グラウンドが形成されます．

技⑥ ディジタル信号のリターン電流を低減する

ディジタル信号のリターン電流を低減すれば，この（幾分か形成された）共通グラウンドの電圧変動，つまりアナログ回路に対して，ノイズ V_N をさらに低減できます．まずはノイズのようすを見てみましょう．

● ディジタル信号のエッジ変化が急峻なほどリターン電流のパルスが大きくなる

A-Dコンバータのディジタル信号出力を受けるCMOSレシーバ入力，D-Aコンバータ入力のCMOSバッファ，これらの入力は容量 C_{in} でモデル化できます．ここでは図8に示すようにD-Aコンバータをモデルとして考えてみます．この図はLTspiceのシミュレーション回路で，次の寄生部分がモデル化されています．

- D-Aコンバータ入力のCMOSバッファの入力容量 C_{in}
- ディジタル信号の配線パターンの寄生抵抗 R_{SP} と寄生インダクタンス L_{SP}
- 共通グラウンドの寄生抵抗 R_{CP} と寄生インダクタンス L_{CP}
- ディジタル・グラウンドの寄生抵抗 R_{DP} と寄生インダクタンス L_{DP}
- CMOSドライバの出力抵抗 R_{IC}

グラウンドは基準電位となるアナログ・グラウンドのポイントを想定した接続になっています．

注3：迷走電流とは，おもに電気鉄道や強電の分野で使われる用語．電流が本来流れるべきレールなどの経路以外，とくに大地に流れ出てしまうことをいう．ここではグラウンド・プレーン上を広がって流れる電流の側流を指す

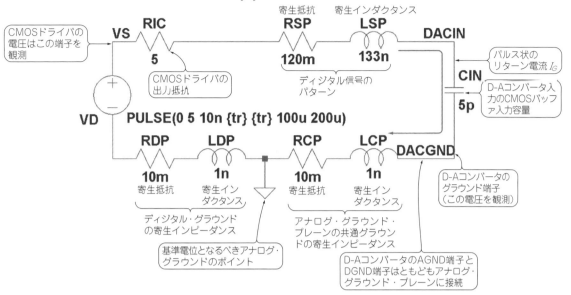

.tran 0.1u **.step param tr LIST 10n 5n 1n**

図8 エッジが急峻に変化するディジタル信号の電圧が加わると共通グラウンドで生じる電圧変動が大きくなる(D-Aコンバータを例にしたLTspiceのシミュレーション回路)

ここにエッジが急峻に変化する信号電圧が加わったときは，入力容量C_{in}を経由して共通グラウンドに流れるパルス状の瞬時リターン電流I_Gは，次のような条件で大きい電流になります．

- 入力容量C_{in}に加わる信号のエッジ変化が急峻
- 入力を駆動するドライバ側の出力抵抗が低い
- パラレル・データ伝送で同時スイッチングするディジタル信号の本数が多い

この場合，電流波形はリンギングにより大きく暴れます．このパルス状リターン電流I_Gが，図7や図8に示すアナログ・グラウンド・プレーンの共通グラウンドに流れ，その寄生抵抗R_{CP}と寄生インダクタンスL_{CP}(合わせて寄生インピーダンスになる)によりグラウンド・ノイズが生じます．

▶シミュレーションでみてみる

ディジタル信号のエッジ変化速度の違いにより，グラウンド・ノイズが生じるようすの違いをLTspiceのシミュレーションでみてみましょう．

図9は図8のD-Aコンバータのグラウンド端子の電圧(DACGND)を観測したものです．シミュレーション回路の基準電位は，アナログ・グラウンド上の本来の基準電位であるべきポイントを想定しています．図9(a)はエッジの立ち上がり時間を10 ns，図9(b)は5 ns，図9(c)は1 nsとしています．エッジ変化が高速なほどグラウンド・ノイズが大きくなります[注4]．

注4：寄生インピーダンスによる電圧変動は，寄生インダクタンスの影響で周波数に応じて大きくなるため．

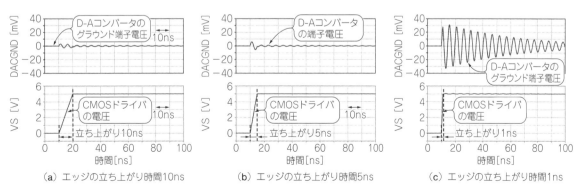

（a）エッジの立ち上がり時間10ns　　（b）エッジの立ち上がり時間5ns　　（c）エッジの立ち上がり時間1ns

図9 図8の回路でD-Aコンバータのグラウンド端子（D-AコンバータGND）のノイズをディジタル信号のエッジ変化速度ごとにシミュレーション
エッジ変化速度が上がるとグラウンド・ノイズが大きくなる

大小かかわらずとも, (どの条件でも)エッジ変化によりD-Aコンバータのグラウンド端子の電圧(DACGND)にグラウンド・ノイズが生じています.

この共通グラウンドに生じるグラウンド・ノイズにより, A-D/D-Aコンバータ内部のアナログ部位に対してノイズを与えてしまう危険性が増大します. もし図8の共通グラウンドの右側(DACGND)が, アナログ領域内にあるほかのアナログ回路にも接続されているなら, A-D/D-Aコンバータ内部だけではなく, その回路にも影響を与えてしまいます.

技⑦ ディジタル信号が通る配線には 抵抗を挿入せよ

パルス状リターン電流を抑制するために, ディジタル信号の経路に抵抗を挿入するテクニックが使えます. ディジタル信号のCMOSドライバとD-Aコンバータ入力のCMOSバッファをつなぐ配線パターンの途中に, 図10に示すように抵抗R_Dを直列に挿入します. 抵抗の挿入位置は, できるだけドライバIC側に近いところにレイアウトしておくと良好です.

挿入した抵抗R_Dで流れる電流が制限されます. これにより次のように, ノイズを低減できます.

- ディジタル信号リターン電流のパルス状波形が鈍る
- アナログ・グラウンド・プレーンの共通グラウンドとなる経路に流れる, ディジタル信号リターン電流の変化の急峻さと電流量を低減できる
- A-D/D-Aコンバータ内部のアナログ部位に与えるノイズを低減できる

途中に挿入する抵抗R_Dは, 式(1)を用いて計算します. 現実の大きさとした場合, 10Ω程度から470Ω程度の間になります.

$$R < 0.1/(C_{in} f_{CLK}) \quad\cdots\cdots\cdots\cdots (1)$$

ただし, C_{in}:レシーバ側CMOS ICの入力容量[F], f_{CLK}:ディジタル信号を作るクロック周波数[Hz]

抵抗$R_D = 47\Omega$にして, グラウンド・ノイズが低減するようすを確認します. 図11にそのシミュレーション結果を示します. 図9と比べてグラウンド・ノイズが低減していることがわかります. 抵抗挿入による電流低減テクニックは, 次の効果もあります.

- 寄生相互インダクタンスによるクロストークを低減させる
- ダンピング抵抗の役割

これらは物理則を基本としたアプローチから考えてみれば, 当然のことです.

技⑧ D-Aコンバータの入力容量に 流れ込む電流を小さくせよ

● 安易なグラウンド接続方法/抵抗挿入のモデルを理論的な視点で考えると動作が理解しやすい

次の2つの手法を, より理論的なモデルにしてその有効性を考えてみましょう.

- AGND端子とDGND端子はアナログ・グラウンド・プレーンに接続
- 電流制限抵抗を直列に挿入

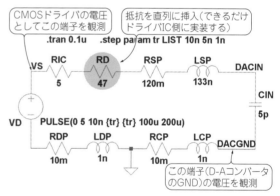

図10 ドライバとレシーバの間に抵抗を直列に, それもできるだけドライバIC側に挿入する(D-Aコンバータを例にした)

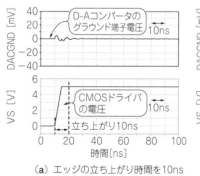
（a）エッジの立ち上がり時間を10ns

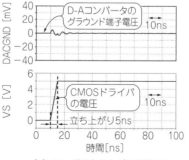
（b）エッジの立ち上がり時間を5ns

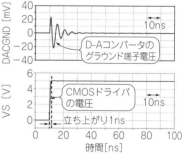
（c）エッジの立ち上がり時間を1ns

図11 図8の回路に図10のように抵抗47Ωを直列に挿入したときのD-Aコンバータのグラウンド端子(D-AコンバータGND)のグラウンド・ノイズをディジタル信号のエッジ変化速度ごとにシミュレーションしてみる
図9に比べてグラウンド・ノイズが低減する

● グラウンド接続と電流制限抵抗の理論的なモデル

前述の図10は，上記の2つの手法も考慮して表記しているモデルで，次のこともモデル化しています．

- D-Aコンバータのディジタル入力はCMOSなので，入力容量C_{in}がある(抵抗成分は無限大)
- CMOSドライバからD-Aコンバータのディジタル入力の間に抵抗R_Dが挿入されている
- ディジタル信号のリターン電流I_Gが流れる，共通グラウンドとなる経路には，寄生抵抗R_{CP}と寄生インダクタンスL_{CP}(寄生インピーダンス)がある

共通グラウンドの部分は少ないため，D-Aコンバータの入力容量C_{in}に流れるディジタル電流I_Gがそれほど大きくないなら，それにより生じるグラウンド・ノイズV_Nは小さいということがいえます．

次に計算式で理論的に考えてみます．前述の図10は単純な直列回路の構造になっています．ディジタル信号のリターン電流I_Gにより共通グラウンドで発生するグラウンド・ノイズV_Nは以下の式で求められます．

$$V_N(s) = \frac{(R_{CP} + sL_{CP})V_S(s)}{R_{CP} + sL_{CP} + \dfrac{1}{sC_{in}} + R_D} \quad \cdots\cdots\cdots (2)$$

ただし，R_{CP}：共通グラウンドの寄生抵抗[Ω]，L_{CP}：共通グラウンドの寄生インダクタンス[H]，C_{in}：D-Aコンバータの入力容量[F]，R_D：挿入した抵抗[Ω]，V_S：ディジタル信号のドライバ側の電圧[V]，N：同時スイッチングするディジタル信号の本数

これはラプラス変換というもので表された式で，sはラプラス演算子です．この式では，交流信号でのオームの法則，抵抗での分圧の計算と同じで，sは周波数に比例するのだと考えてください．この式(2)から

わかることは次のことです．

- 抵抗R_Dを大きくすれば，ディジタル電流$I_G(s)$が低減する
- ディジタル電流$I_G(s)$の変動周波数(sのことだと考えてよい．エッジの変化速度に対応する)も低下する．それによりグラウンド・ノイズ$V_N(s)$が低減する
- 共通グラウンドの寄生インピーダンスとなる，寄生抵抗R_Pと寄生インダクタンスL_Pを低減させても，グラウンド・ノイズ$V_N(s)$が低減する

いっぽうディジタル信号が十分に振幅できる大きさの抵抗R_Dを挿入する必要があるので，R_Dを大きくするにも限界があることがわかります．

技⑨ 共通グラウンドの寄生インピーダンスを小さくせよ

再び図7(b)を見てください．ディジタル信号の電流が流れる最短経路から離れたところでも，電流はゼロにはなりません(迷走電流がある)．この迷走電流がアナログ・グラウンド・プレーンの想定外の部分に流れることにより，アナログ・グラウンド・プレーンに共通グラウンドが形成され，グラウンド・ノイズV_Nが生じます．

図12のように，ディジタル信号リターン電流の流れをコントロールすることで，迷走電流の流れをコントロールし，共通グラウンドの形成を減らします．これにより等価的に共通グラウンドの寄生インピーダンスを低減することができます．

- アナログ・グラウンド内でディジタル信号のリターン電流の流れる経路とアナログ信号の経路を考えて，分けてレイアウトする(共通グラウンドになる領域を減らす)

column▶01 大電流ではADC/DACをDGNDにつなぐ

石井 聡

ここでの説明は，A-D/D-Aコンバータについて A-Dコンバータ出力/D-Aコンバータ入力のディジタル信号による電流はそれほど大きくない，つまりディジタル信号リターン電流が少ないケースを考えています．

最近ではA-DコンバータやD-Aコンバータが内蔵されたFPGAやDSPが存在しています．これらのIC内部はディジタル部位が主であるため，素子動作としてディジタル部位の電流が大きくなります．そのためここで説明している考え方は適用が難しくなります．この場合，ICのDGNDはディジタ

ル領域のグラウンドと接続したほうが良好です(AGNDはアナログ・グラウンドに接続する)．なぜならFPGAやDSPが周辺回路とやりとりするディジタル信号の大きなリターン電流を，共通グラウンドに流れないようにできるからです．

この話も一見矛盾しているように感じますが，物理則という点と，程度問題という点から考えると，「たしかに(致し方ない)」と納得がいくものです．

このようなICの場合で，より良好なグラウンドを実現したいなら，後述する図18のように接続することも良い方法です．

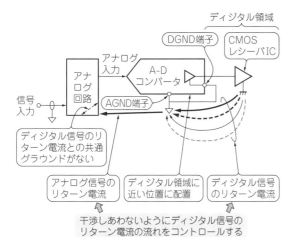

図12　共通グラウンドとなる部分を減らすには，ディジタル信号のリターン電流の流れ方をコントロールする

- A-D/D-Aコンバータをアナログ領域内のうちでもディジタル領域に近い位置に配置する

また，共通グラウンドの寄生インピーダンス自体を低下させる（R_{CP}とL_{CP}を小さくする）ために，以下のような配慮もします．

- 多層基板であれば，グラウンド・プレーンを適切に活用する
- 両面基板であれば，それぞれのベタ・グラウンドをビアで接続しグラウンド全体の寄生インピーダンスを低下させる

これらにより，ディジタル信号のリターン電流によるグラウンド電位（アナログ信号の基準電位としての）の変動，つまりグラウンド・ノイズが軽減できます．この考え方は後述する高度なグラウンド設計の説明の根幹をなすものです．

グラウンド電位の安定化に効果的なのは抵抗

アナログ・グラウンド・プレーンにAGND端子とDGND端子の両方をつなぐという安易な方法をより効果的にするために，技⑦でディジタル信号の配線パターーンの途中に抵抗を挿入するテクニックを示しました．

column▶02　A-Dコンバータの基準電圧はきちんと守る

石井 聡

逐次比較(SAR：Successive Approximation Register)型A-Dコンバータでは，基準電圧入力の端子電圧を基準として逐次A-D変換動作を行います．

この逐次比較型のA-D変換動作中は，図Aのように，比較動作を行う部位にあるスイッチが，複数個のコンデンサを高速に切り替え，基準電圧入力端子から各コンデンサが充放電されながら動作します．

このコンデンサの充放電のため，電荷の移動(急峻な電流変化)が生じます．図中のようにA-Dコ

ンバータの基準電圧入力端子には，基準電圧ICから基準電圧が供給されます．このパターンが長いと，寄生インピーダンスが増加し，急峻な電流変化でA-Dコンバータの基準電圧入力の端子電圧が変化してしまいます．A-D変換動作が正しく行われません．

そこで基準電圧入力端子には，容量の異なる複数のバイパス・コンデンサをAGNDとの間に接続し，十分なデカップリングを行い，電圧変動が生じないようにする必要があります．

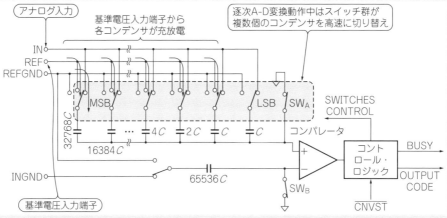

図A　逐次比較(SAR)型A-Dコンバータは複数個のコンデンサが充放電しながら変換動作が行われる
（AD7653データシート[2]のFigure 20に加筆）

この抵抗の挿入は，後述するダンピング抵抗の役割にもなり，ディジタル信号伝送の安定化やEMIの低減も期待できます．また高速ディジタル信号の反射を抑える送端終端という役割も果たします．

技⑩ ダンピング抵抗はできるだけ ドライバICに近づけるべし

● 例えば…

ここまで高精度/高SNRなシステムを実現するために，多層基板を用いることを基本に考えてきました．ここでは，寄生インダクタンスの影響だけをとくに確認するため（ダンピング抵抗のはたらきを示すため），次の2つの例とし，また条件を設定しています．

▶例題① 多層基板でもグラウンド・プレーン間が離れて配置されている

図13に示すように，アナログ・グラウンド・プレーンとディジタル・グラウンド・プレーンが離れて配置されている例を考えます．

- A-D/D-AコンバータのDGNDがアナログ・グラウンド・プレーンに接続されている
- A-D/D-Aコンバータのディジタル数値情報を伝送するディジタル信号がアナログ・グラウンド・プレーンとディジタル・グラウンド・プレーンをまたいでいる

これは図7(a)と似たようなケースです．このようにアナログ・グラウンドとディジタル・グラウンドのグラウンド・プレーン間が離れて配置されていると，ディジタル信号パターンと，プレーン間のギャップとの間で寄生インダクタンスL_Pが形成されます．

▶例題② L1とL2は重なりあっておらず，寄生容量が低い両面基板

図14に示すのは両面基板の例です．ここでL1（部品面）のパターンと，リターン電流の経路になるL2（はんだ面）のグラウンドに相当するパターンとの間は重なりがなく，グラウンドのパターンもそれほど広くありません．

一般的にも両面基板の場合のディジタル領域のパターン・レイアウトは，グラウンドをあまり広くとれない傾向があります．結果的にこの状態は，L1-L2のパターン間での寄生容量が非常に低くなり，パターン自身の寄生インダクタンスL_Pが大きくなります．

例題①以外の多層基板で，シンプルにL2をグラウンド・プレーンにして，その上のL1に信号を通すと，L1-L2間で寄生容量が生じます．そうすると寄生インダクタンスとともに特性インピーダンスが形成され，信号の反射が生じ，回路動作のふるまいが異なってきます．両面基板であっても，L1-L2間でディジタル信号パターンとベタ・グラウンドが対向しているケースでもほぼ同じようになります．しかし特性インピーダンスが形成され信号の反射が生じたケースでも，ダンピング抵抗をできるだけドライバIC側に挿入すると，送端終端というものが実現でき，信号の反射の問題にも対応できます（詳細は後述）．

● 配線パターンとCMOSレシーバで波形の暴れ「リンギング」が生じる

図13や図14のようなプリント基板上において，CMOSドライバとD-Aコンバータとが接続されるディジタル領域のプリント・パターンと，D-Aコンバータ入力のCMOSバッファで生じる寄生成分を，

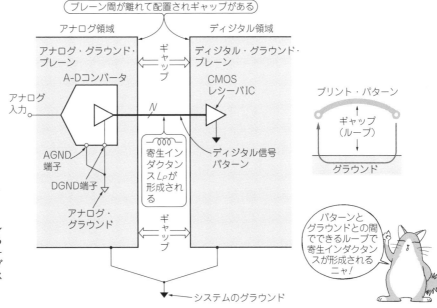

図13 多層基板でプレーン間が離れて配置されていると，ディジタル信号パターンとプレーン間のギャップ部分で寄生インダクタンスが形成される
図7(a)と同様なケース

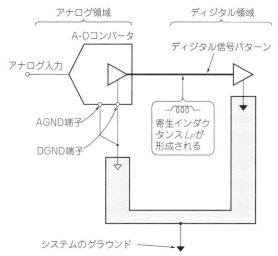

図14 両面基板でA-Dコンバータのディジタル信号のプリント・パターンとCMOSレシーバICとの接続で寄生インダクタンスが形成される

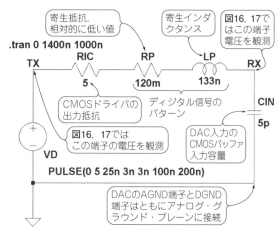

図15 図13や図14のCMOSレシーバの入力端子でリンギングが生じるようすをシミュレーションする回路（CMOSレシーバICで生じる寄生成分をモデル化．ドライバICの出力抵抗は5Ω）

LTspice上でモデル化すると**図15**のようになります．A-Dコンバータでも同じ考え方で，D-AコンバータのDGND端子は，AGND端子とともにアナログ・グラウンド・プレーンに接続されていると仮定します．

ディジタル信号の配線パターンは寄生インダクタンスL_Pとなり，その寄生抵抗Rは相対的に低いものです．D-Aコンバータ入力のCMOSバッファには入力容量C_{in}があり，その入力抵抗R_{in}は非常に高い値です．ここで寄生インダクタンスL_Pと入力容量C_{in}によるLC共振回路が出来上がります．

▶寄生インダクタンスと入力容量がリンギングの原因

図15で波形をシミュレーションした結果を**図16**に示します．CMOSドライバの出力抵抗が十分に低いときには，CMOSドライバの出力信号レベルが変化すると，配線パターンの寄生インダクタンスL_Pと入力容量C_{in}によりD-Aコンバータ入力端子の電圧が発振するように大きく暴れます．これをリンギング（Ringing，「鳴る」から来ている）と呼びます．

▶リンギングにより動作トラブルが発生する

ミックスド・シグナル回路では，リンギングの発生により，次のようなトラブルが発生します．

- 高精度／高SNRなアナログ回路に，このリンギングが迷結合することで，ノイズが生じ精度やSNRが劣化する
- リンギングによる波形の暴れで，高周波エネルギ成分が発生し電磁放射となり，EMIとして外部に干渉を与える
- 最悪にはCMOS入力のスレッショルド電圧（H/Lを判定する基準電圧）を越えて，間違った論理レベルがCMOSレシーバから出力される
- 高いリンギング電圧が，CMOSレシーバ入力の

絶対最大定格電圧を越えて，CMOSレシーバが破損する可能性がある

技⑪ ダンピング抵抗は10～470Ωが丁度いい

● ダンピング抵抗の役割

前述の問題を解決するため，**図10**に示した時定数回路と同じように，プリント・パターンに直列に抵抗を挿入します．この抵抗がダンピング抵抗です．これは**図8**から**図10**の変更で解説した時定数回路で電流を低減させるという効果との両面で有効です．

● ダンピング抵抗は信号強度を弱めて波形品質の劣化を改善する

ダンピング抵抗で回路の応答変動を弱めることで，波形品質の劣化を改善できます．ダンピング抵抗R_Dの大きさは，プリント・パターンの寄生インダクタンスL_P，CMOSレシーバの入力容量C_{in}に対して，

$$R_D = 2\sqrt{L_P/C_{in}} \cdots\cdots\cdots\cdots\cdots\cdots\cdots\cdots\cdots (3)$$

が最適値です．**図15**の回路を例とした場合，挿入するダンピング抵抗$R_D = 326\Omega$と計算できます．この大きさも大体でいいので，現実の大きさとした場合，10Ωから470Ω程度の間になります[注5]．

一方でディジタル信号が十分に振幅できる大きさの抵抗R_Dを挿入する必要があるので，R_Dを大きくするにも限界はあります．とくに多層基板でグラウンド・プレーン間にギャップがあるケースでは，プリント・パターンの寄生インダクタンスL_Pを見積もることは困難です．ダンピング抵抗R_Dの大きさを式(3)で見積もることはできません．基板を設計するときにドライバIC側にダンピング抵抗のプリント・パターンをレイアウトしておき，回路を動作させたときに実際の波

形を観測しながら抵抗値を決めるとよいでしょう.
▶シミュレーション実験

ダンピング抵抗$R_D = 330\,\Omega$を挿入し,ほかは図15と同じ条件で,LTspiceでシミュレーションしてみた結果を図17に示します.図16で生じていたリンギングが消えています.ダンピング抵抗を挿入することで,先に挙げたリンギングの問題を改善できます.

技⑫ プリント・パターンの寄生容量を考慮せよ

● ダンピング抵抗は「ドライバIC側に挿入する」と送端終端としてもはたらく

寄生インダクタンスと入力容量による図15に示すモデル(集中定数モデル)では,リンギング対策としてのダンピング抵抗は,どこに挿入しても問題ありません.しかし図12でも示したように,ダンピング抵抗はできるだけドライバIC側に挿入することが良好です.

▶リンギングは寄生インダクタンスと入力容量との共振現象により発生する

リンギングは,寄生インダクタンスL_Pと入力容量C_{in}とで,共振回路ができることにより生じる現象です.ダンピング抵抗を挿入することで,共振の強度を弱めます.

ここでのプリント・パターンは,寄生インダクタンスだけと仮定していることがポイントです.L1のプリント・パターンとL2のグラウンド・プレーン間で生じる寄生容量は考慮していません(図13や図14のとおり).そのため図15のモデルは,グラウンド・プレーンと対向していない単独のプリント・パターンをモデル化していると考えるのが適切です.

注5:プリント・パターンの寄生インダクタンスを正確に見積もることは不可能なので,このように考えたほうがよい.

▶信号の反射を考えることで理由がわかる

L2のグラウンド・プレーンとで生じる寄生容量まで考慮すると,プリント・パターンを分布定数回路として取り扱う必要がでてきます.このときマイクロストリップ・ラインや特性インピーダンスの考え方を取り入れる必要があります.とくに高速/高周波信号だと,分布定数回路での信号の反射という現象を考える必要があり,抵抗をドライバIC側に挿入するという方法が有効になります.この場合の大きさは$27\,\Omega$から$180\,\Omega$程度の間がよいでしょう.このテクニックが送端終端です.

技⑬ ディジタル信号は低レートであっても高速と考えて送端終端を活用せよ

ここまで低レートなディジタル信号として説明しています.それでもそこで動く信号のエッジ変化は十分に高速です.回路全体は低速で動作するプリント基板だとはいえ,図12のように,ディジタル信号のパターンには,できるだけドライバIC側にダンピング抵抗を挿入することで送端終端にもなるようにレイアウトし,余計な問題を事前に排除しておくことが大切です.

高度なグラウンド設計

図6の安易な接続方法からもう一歩踏み込んで,より良好な精度/SNRを実現したいときの低周波A-D/D-Aコンバータの基板レイアウト方法,AGND/DGND端子とグラウンドとの接続方法を考えてみます.

技⑭ グラウンド・プレーンの接続点にAGNDとDGNDを1点接続せよ

図18に示すのは,アナログ・ディジタル・ミックスド基板のレイアウト例です.ここでの考え方は,

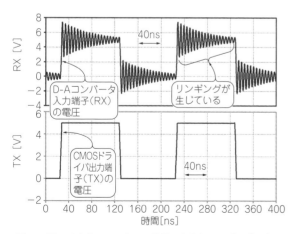

図16 図15のシミュレーション結果.大きなリンギングが生じている(LTspiceでシミュレーション)

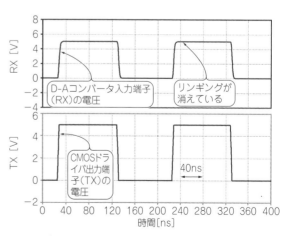

図17 ダンピング抵抗を挿入するとリンギングが消える(ドライバICの出力抵抗込みで330Ωとした)

- アナログ・グラウンド・プレーンとディジタル・グラウンド・プレーン間を1点で接続する
- その箇所にA-D/D-AコンバータのAGND端子とDGND端子を接続する

というものです．高速/高周波回路では1点で接続ではなく，全面グラウンド・プレーンにします．

技⑮ A-D/D-Aコンバータはグラウンド間が接続された真上に配置せよ

図18では，アナログ・グラウンド・プレーンとディジタル・グラウンド・プレーンが中央部でそれぞれのグラウンドが接続されています．A-D/D-Aコンバータ周辺のアナログ領域とディジタル領域は，プリント基板上で別々の領域として分離します．そして次のように配置・接続します．

- A-D/D-Aコンバータは同図の中央．グラウンド・プレーンが接続された真上に配置
- AGND端子はアナログ・グラウンド・プレーン側に接続
- DGND端子はディジタル・グラウンド・プレーン側に接続

このように接続すると，アナログ・グラウンドの電位と，ディジタル・グラウンドの電位をA-D/D-Aコンバータの直下で同一に保つことができ，A-D/D-Aコンバータの適切な動作を維持できます．またディジタル信号のパターンには抵抗を直列に挿入し，パルス状リターン電流が過大にならないようにします．

■ アナログ/ディジタル領域のリターン電流はそれぞれの経路に戻っていく

● リターン電流の流れを考えると合点がいく

ここまで「グラウンドのリターン電流」という視点で説明してきました．リターン電流とグラウンドの寄生インピーダンスにより，グラウンド間に電位差つまり電圧変動が生じ，それがグラウンド・ノイズになるというものです．この点に着目すれば，ここで紹介した方法は合点のいくものになります．

● リターン電流の経路

技⑮の方法を図19のようにモデル化します．

- 周辺のアナログ領域/ディジタル領域は，別々の領域として分離されている
- アナログ・グラウンド・プレーンとディジタル・グラウンド・プレーンも分離されている
- その中央，A-D/D-Aコンバータの直下で双方のグラウンドが接続されている

図19では周辺の寄生インピーダンスもモデル化しています．それぞれの領域に電源装置から電源電圧が供給され，次のようにリターン電流が戻ります．

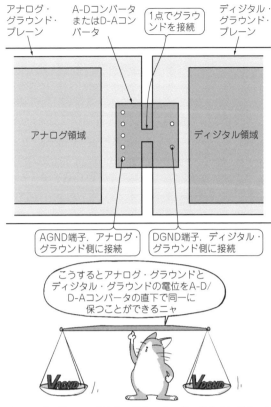

図18 ディジタル・グラウンドとアナログ・グラウンドを1点で接続した箇所にA-D/D-AコンバータのAGND端子とDGND端子を接続する

- アナログ領域の電源経路では，電源装置からアナログ回路用電源ICを経由してアナログ領域内を流れる
- それがアナログ・グラウンド・プレーンへ流れ，電源装置に戻っていく
- ディジタル領域の電流経路でも，ディジタル回路用電源ICを経由してディジタル領域内を流れる
- そしてそれがディジタル・グラウンド・プレーンから電源装置に戻っていく

つまり各領域ごとで電流の流れが閉じており，相手方の領域に干渉を与えることはありません．ここで図19のアナログ・グラウンド・プレーンとディジタル・グラウンド・プレーンの接続部を考えてみると，この間には電流の行き来がないことがわかります．これは本章の最初の節で示した迷走電流を，各グラウンド・プレーンでコントロールすることでもあります．

● 接続部に電流が流れないため電圧降下が生じずノイズが発生しない

図19のアナログ・グラウンド・プレーンとディジタル・グラウンド・プレーンの接続部には電流が流れ

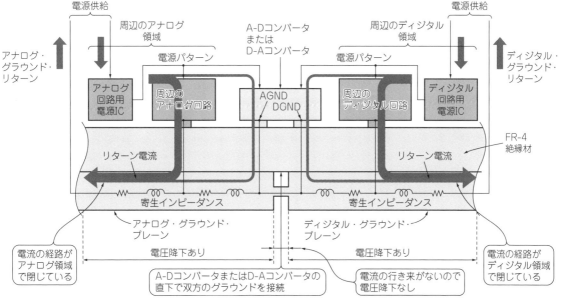

図19 図18の構成でのリターン電流とグラウンド電位をモデル化した

ないので，電圧降下が生じず，グラウンド・ノイズが発生しません．またアナログ・グラウンド・プレーンとディジタル・グラウンド・プレーンの電位は，接続点で同電位として決まります．A-D/D-AコンバータのAGND端子とDGND端子は等しいグラウンド電位を維持でき，A-D/D-Aコンバータにノイズを与えることなく，適切に動作させることができます．

技⑯ グラウンド・リード線の寄生成分も影響を与えることがある

図18や図19で示した方法でも，問題が生じる可能性があることに気がつきます．それは2点のグラウンド接続点とリード線による電圧降下です．

図19をグラウンド・リード線もモデルに含めて書き直したものを図20に示します．アナログ領域とディジタル領域へは，電源装置から別々の電源リード線/グラウンド・リード線で電源供給を行っています．しかし一般的には電源装置そのものは共通で，少なくともグラウンド側は共通で接続されています．こうなると図20のように，電源装置側とプリント基板のグラウンド・プレーン側の2カ所でグラウンドが接続されてしまいます．1点アース的な動作にはならず，グラウンド・ループも生じます．なお電源装置がまったく別な場合，このような問題は生じません．

● 電源装置からのグラウンド・リード線で電圧降下が生じる

それぞれのグラウンド・リード線には，寄生抵抗と寄生インダクタンス（あわせて寄生インピーダンス）が存在しています．またそれぞれのグラウンド・プレーンにも寄生インピーダンスが存在しています．電流が流れると，それぞれのグラウンド・リード線/グラウンド・プレーンで電圧降下が生じます．電源装置側のグラウンド接続点Ｇを基準電位として説明します．

- Z_A：アナログ領域側のグラウンド経路の寄生インピーダンス
- Z_D：ディジタル領域側のグラウンド経路の寄生インピーダンス
- I_A：アナログ領域側のグラウンド経路に流れるリターン電流
- I_D：ディジタル領域側のグラウンド経路に流れるリターン電流

プリント基板側で，アナログ・グラウンドとディジタル・グラウンドが接続されていない場合，基板上のそれぞれのグラウンドには次の電圧が発生します．

$$V_{AGND} = Z_A I_A$$
$$V_{DGND} = Z_D I_D \cdots\cdots\cdots\cdots\cdots\cdots (4)$$

ここでは$V_{AGND} \neq V_{DGND}$で，同じ電位ではありません．プリント基板側のアナログ・グラウンドとディジタル・グラウンドが接続されると，電位差（$V_{AGND} - V_{DGND}$）による電流が相互のグラウンド間を行き来し，グラウンド・ノイズが発生するということが推測されます．このようにより良好な接続という方法でも，いまだに問題をはらんでいることがわかります．

● バイパス・コンデンサの効果も考えると性能劣化は限定的

実際には回路の各部分にバイパス・コンデンサを実

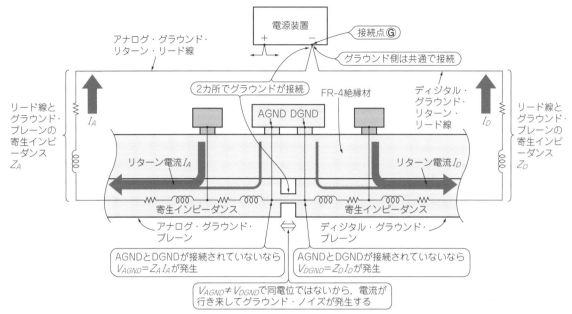

図20　図19を電源装置からのグラウンド・リード線による電圧降下がある，という視点で再度モデル化しなおしてみる

装します．バイパス・コンデンサが，とくに高周波電流を分担してくれるので，電源リード線/グラウンド・リード線に流れる高周波電流量は限定的といえます．つまり，グラウンド・リード線の電圧降下により生じる，プリント基板上のアナログ・グラウンドとディジタル・グラウンド間の電位差は限定的となり，生じるグラウンド・ノイズの問題自体も限定的となります．

● A-D/D-Aコンバータでグラウンド・ピンが共通なものも同じように考える

AGND端子とDGND端子が分かれていない，共通のグラウンド・ピンとなっているA-D/D-Aコンバータでも，同じように取り扱い/考えます．

本節の全体を通して大切なポイントは次の2点です．

- DGND端子はAGND端子と同じように取り扱う
- DGND端子のグラウンド・ノイズを小さくする必要がある

ノイズ対策に有効！ ディジタル・アイソレータ

ここまである程度の妥協を考慮しつつ，それであっても物理則の視点から良好といえる，A-D/D-AコンバータのAGND端子とDGND端子のグラウンド接続方法を説明してきました．純粋理論の視点では，ここまで説明した方法は完全ではありません．例えばA-D/D-Aコンバータのビット数が増えてくると，システムとしてもより高精度/高SNR/高分解能が必要です．グラウンド・ノイズが問題として露呈する可能

性もあるでしょう（それこそ逆の見方での程度問題といえる）．とくにミックスド・シグナルIC内のディジタル部位の規模が大きかったり，スイッチング・リターン電流量が大きかったりするときは，不具合が発生する可能性が高くなります．

技⑰ ディジタル・アイソレータを活用してグラウンドを分離せよ

A-D/D-Aコンバータなどのミックスド・シグナルICと，ディジタル領域のグラウンドを，完全に分離できるディジタル・アイソレータ（またはフォトカプラ）という素子があります．

図21に示すのは，ディジタル・アイソレータの1例 ADuM142E[3]（アナログ・デバイセズ）です．1次側と2次側のグラウンドが分離しており，異なるグラウンド電位で動作できます．このICはマイクロトランスを用いた電磁誘導により，回路間をアイソレーション（分離）したうえでディジタル信号伝送を実現します．1次側から2次側へ2チャネル，逆方向も2チャネルのディジタル信号伝送ができるICを例に挙げました．すべてが1次側から2次側への方向，1チャネルだけが1次側方向で他のチャネルが2次側方向など，いろいろな種類のアイソレータが販売されており，目的にあったICを選べます．

最近では，高速シリアル伝送のLVDS（Low Voltage Differential Signaling）用のディジタル・アイソレータも販売されており，高速なシリアル伝送方式A-D/D-Aコンバータのデータ伝送にも対応できるようにな

ってきています．フォトカプラもディジタル・アイソレータの一種ですが，伝送速度が遅いものが多いので，A-D/D-Aコンバータでの利用は限定的です．

● **ディジタル・アイソレータを用いてA-Dコンバータとインターフェースしてみる**

図22にシリアル出力A-Dコンバータを例にした，ディジタル・アイソレータの接続方法を示します．ディジタル・アイソレータの1次側はアナログ領域で，A-Dコンバータはアナログ・グラウンドを基準電位として動作します．2次側はディジタル領域で，ディジタル・グラウンドを基準電位として動作します．

A-DコンバータのAGND端子とDGND端子は，ともどもアナログ・グラウンドに接続します．ディジタル・アイソレータの1次側のグラウンド端子もアナログ・グラウンドに接続します．なおこれまで示してきたように，A-Dコンバータのディジタル信号のリターン電流経路を考慮して基板設計を行う必要があります．

● **グラウンド間の電位差（つまりノイズ）は全く問題にならない**

基板上ではディジタル・グラウンドとアナログ・グラウンド間は接続されていません．共通の電源装置から電源が供給されると，式(4)で示したアナログ・グラウンド電位V_{AGND}とディジタル・グラウンド電位V_{DGND}が，電位差をもってそれぞれ生じます．そのため2つのグラウンド間には電位差（つまりグラウンド・ノイズ）が存在します．

ディジタル・グラウンド側には，スイッチング電流による大きなグラウンド・ノイズが生じます．

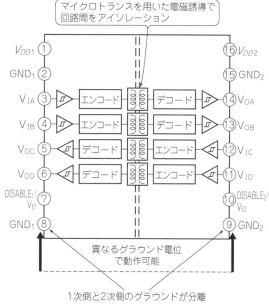

図21 ディジタル・アイソレータの1例（ADuM142Eのデータシート[3]のFigure 3から）

ディジタル・アイソレータの効果として，1次側と2次側を完全にアイソレーション（分離）して動作するため，グラウンド間の電位差（グラウンド・ノイズ）やディジタル・グラウンド・ノイズはシステム動作に全く影響を与えません．言い方を変えると，ディジタル・グラウンドのノイズがアナログ・グラウンドに混入しないともいえます．このように構成すれば，アナログ・グラウンド側に流れるディジタル信号のリターン電流は，A-Dコンバータのディジタル信号成分だけとな

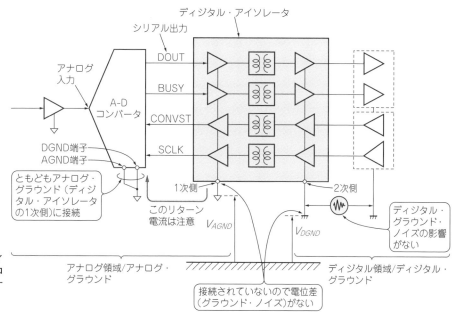

図22 ディジタル・アイソレータを用いたA-Dコンバータのインターフェース例
主な信号線だけ示している

column ▷ 03 A-D/D-Aコンバータのディジタル側をバス接続するには

● A-D/D-Aコンバータを直接バス接続するとリターン電流が増す

図Bのように，パラレル出力A-Dコンバータをプロセッサなどとバス接続する場合もあるでしょう．たしかにそのようなA-Dコンバータでは，OE（Output Enable；出力イネーブル）端子がついており，バスに直接接続できます．

しかしバスには複数のICが並列に接続されており，それぞれのICの入力容量の合算で，重い容量性負荷の状態になっています．

そのためA-Dコンバータはこの重い負荷（バス）を駆動することとなり，リターン電流も増加します．ここでAGND端子とDGND端子をともどもアナログ・グラウンドに接続した場合，リターン電流の増加により，アナログ・グラウンドに過大な電圧変動，つまりグラウンド・ノイズが生じます．これがA-Dコンバータやアナログ領域に悪影響を及ぼします．

そこで図CのようにA-Dコンバータのディジタル信号出力にバッファICを接続し，バッファICのグラウンドをディジタル・グラウンドに落とすと，次のように良くなります．

- A-Dコンバータからのディジタル信号はバッファICの入力容量「だけ」を駆動すればよい
- そのためA-Dコンバータのリターン電流は少ない
- A-DコンバータからバッファICのリターン電流の経路は，アナログ・グラウンドを流れるが，低電流なのでグラウンド・ノイズの影響は少ない
- バッファICがバスを駆動する電流は大きめになるが，このリターン電流はディジタル・グラウンドを流れるので，アナログ・グラウンドには影響を与えない

● 物理則から考えればD-Aコンバータバス接続の場合は問題ないか？

D-Aコンバータの場合は入力容量C_{in}だけを駆動するので，バスに接続されていても，物理則から考えれば影響は少ないといえるかもしれません．しかし，連続して変化しているバスの高周波の電圧がD-Aコンバータに加わるため，フィードスルー（筒抜け）という現象により，D-Aコンバータ出力のアナログ信号に，バス変動のノイズが重畳してしまう可能性があります．

図B　プロセッサのバスにA-Dコンバータを直接接続する

（a）バスに直結したときのようす

（b）バスにつながったICのぶんリターン電流が増える

り，他のディジタル領域のリターン電流によるグラウンド・ノイズを非常に低くできます[注6]．

――――――――――
注6：それでも寄生容量/寄生相互インダクタンス/電磁放射による迷結合の可能性はあるので注意は必要．

◆参考文献◆
(1) AD7656データシート，
　　https://www.analog.com/jp/products/ad7656.html
(2) AD7653データシート，
　　https://www.analog.com/jp/products/ad7653.html

石井 聡

そのためD-Aコンバータの場合は，ラッチICを用いて，バスからD-Aコンバータに与える電圧をいったん固定させる（D-Aコンバータ書き込みでラッチをストローブする）こともあります．なおD-AコンバータICの内部でもダブル・バッファという構造で，この対策がなされているICもあります．

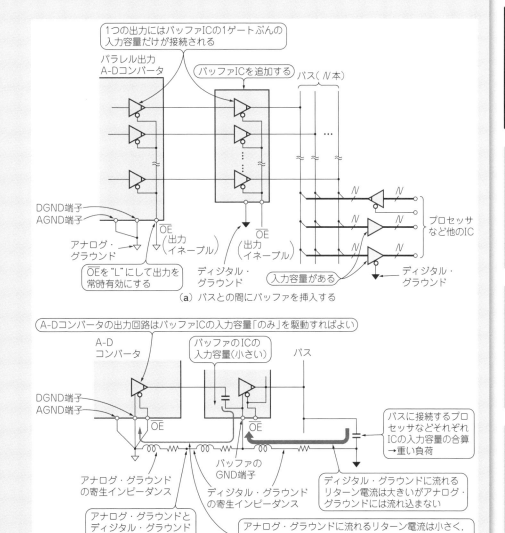

1つの出力にはバッファICの1ゲートぶんの入力容量だけが接続される

パラレル出力
A-Dコンバータ

バッファICを追加する　バス（N本）

DGND端子
AGND端子

$\overline{OE}$
（出力イネーブル）

アナログ・グラウンド

$\overline{OE}$
（出力イネーブル）

$\overline{OE}$を"L"にして出力を常時有効にする

ディジタル・グラウンド

プロセッサなど他のIC

入力容量がある

ディジタル・グラウンド

（a）バスとの間にバッファを挿入する

A-Dコンバータの出力回路はバッファICの入力容量「のみ」を駆動すればよい

A-D
コンバータ

バッファのICの入力容量（小さい）

バス

DGND端子
AGND端子

$\overline{OE}$

$\overline{OE}$

バスに接続するプロセッサなどそれぞれICの入力容量の合算→重い負荷

アナログ・グラウンドの寄生インピーダンス

バッファのGND端子

ディジタル・グラウンドに流れるリターン電流は大きいがアナログ・グラウンドには流れ込まない

アナログ・グラウンドとディジタル・グラウンドの接続点

ディジタル・グラウンドの寄生インピーダンス

アナログ・グラウンドに流れるリターン電流は小さく，アナログ・グラウンドの電圧変動は小さくなる．ノイズが低減する

図C ディジタル・バッファICを介してバスと接続する

（b）A-Dコンバータへ影響するノイズを減らせる

(3) ADuM142Eデータシート，
https://www.analog.com/jp/products/adum142e.html
(4) Walt Kester；Ask the Applications Engineer-12：Grounding（Again），Analog Dialogue, Vol. 26, No. 2, Feb. 1992, Analog Devices.

寄生成分

グラウンド

アナログ回路

高速ディジタル

電源回路

第3部

アナログ回路の
基板設計テクニック

第17章

アナログ回路の
低ノイズ化の基本

山田 一夫 Kazuo Yamada

実際の基板には目に見えない寄生インダクタンスや寄生容量が存在します. 基板設計が悪いと, 寄生インダクタンスが大きくなりノイズを発生させます. ノイズを対策するには, どの配線を変更し, どのような経路で電流を流せばよいのかを知る必要があります.

本稿では3次元イラストやシンプルな RLC 回路を用いて, ノイズの原因と対策を解説します. 本テクニックは, 10Gbpsを超える USB 3.2 や SDI インターフェースの高速ディジタル基板, 900 MHz 以上の Wi-Fiモジュール搭載のRF基板の設計の基本にもなります.

技① ループは小さくする

図1に示すのは100 Hz～数百kHzの信号が伝わる単線のプリント・パターンです. 低周波アンプICの信号出力から負荷まで1本のプリント・パターンでつながっています. このようなプリント・パターンでは, 図1(a)に示すように, IC→信号パターン→グラウンド・パターンを経由して, 低周波アンプICのグラウンド端子まで低周波のリターン電流Iが流れます.

図1(b)に図1(a)の等価回路を示します. 図1に示したような片面基板では, 全体のループ・インダクタンスと配線抵抗によって, 負荷に発生する電圧が決まります.

各配線のインダクタンス成分は, 信号パターンとグラウンド・パターンだけでは決まりません. 行きと帰りのプリント・パターンで形成されたループの大きさが異なると, 全体の配線インダクタンスも変化します. そのため, ループ面積が大きいと配線インダクタンスも大きくなります.

さらに周波数の上昇にともない配線インダクタンスぶんで発生する電圧も大きくなり, 負荷で得られる電圧が異なります.

出力電圧の誤差を減らすには, グラウンド・パターンを信号パターンに沿わせるように描きます. これによりループ面積が減り, 配線インダクタンスが下がり

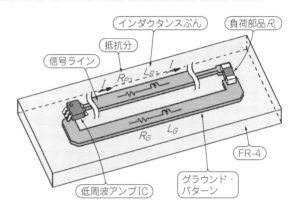

（a）片面基板の配線パターン例

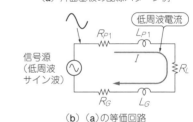

（b）（a）の等価回路

図1 配線パターンのループ面積を小さくするとノイズが低減する

ます. ただし行きと帰りの電流が同じ大きさになるように配線を設計します.

技② 繊細なアナログ信号の配線をディジタル信号の配線で挟まない

100 MHz 以上の信号の伝わり方は図1で示した伝わり方と異なります.

図2(a)に示すプリント・パターンでは, 信号線とグラウンド・パターンが近くに平行に配線されています. 片面基板上にはディジタルICが配置されています.

図2(b)に図2(a)の等価回路を示します. IC₁から信号線にディジタル信号が送り出されます. 低周波信号とは異なり, ディジタル信号はほぼ光の速さで, 平行に走っているグラウンド・パターンとの間を進みます.

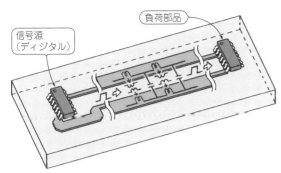

（a）片面基板の配線パターン例

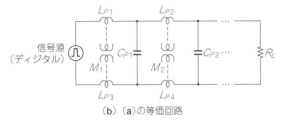

（b）（a）の等価回路

図2　数百MHz超のディジタル信号になると，信号線とグラウンド・パターン間を左から右に進む
図1に示したようなループがないのでリターン電流は流れない

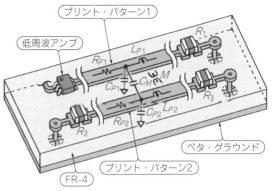

（a）ベタ・グラウンド上の配線パターン間の電気的結合

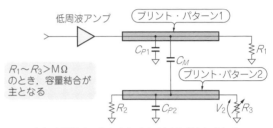

$R_1 \sim R_3 >$ MΩ
のとき，容量結合が
主となる

（b）容量結合．R_3を小さくするとV_2が小さくなる

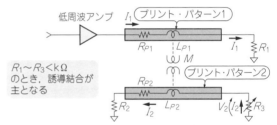

$R_1 \sim R_3 <$ kΩ
のとき，誘導結合が
主となる

（c）磁気結合．R_3を小さくするとV_2が大きくなる

図3　R_3を可変したときの信号の増減によって容量性または誘導性を判断できる

信号は，配線パターン間の磁気結合と容量結合の部分を順次進んでいきます．したがってディジタル信号は，信号線とグラウンド・パターン間を左から右に進みます．

図2では受信側で抵抗終端しています．線路間を進んで受信側に達した信号は抵抗に吸収され，熱に変換されて消えてしまいます．このようにディジタル信号は並走する線路間を進みます．並走している配線パターンの間には繊細なアナログ信号ラインを置かないようにします．

技③ 高インピーダンス配線の周りにはガード・パターンを配置する

図3に示すのは，100 Hz～数百kHzの低周波アナログ信号が伝わる2本のプリント・パターンです．信号パターン1の近くに信号パターン2が並走して配線されています．その信号パターンの先はR_2とR_3の抵抗でそれぞれベタ・グラウンド・パターンにつながっています．

アンプにつながっている信号パターン1とその先に接続されている抵抗R_1がベタ・グラウンドにつながっていると，経路ループに低周波の信号電流が流れます．

信号パターン1に加わる電圧が時間で変化すると，信号パターン2側のR_3に電圧が発生します．この電圧は線間の容量C_Mと信号パターン2の容量C_{P2}の比で決まります．

一方，信号パターン1に電流が流れると配線間の相互インダクタンスMによって信号パターン2に電流が流れ，R_3に電圧が発生します．線間が1 mm以下，ベタ・パターン層との距離が約1 mm，長さが100 mm程度の配線パターンで$R_1 \sim R_3$がMΩオーダのときは，C_Mによる結合が支配的です．$R_1 \sim R_3$が数百Ωオーダの場合，Mによる結合が支配的になりR_3に電圧が発生します［図3（c）］．対策としては，高インピーダンスのプリント・パターンと信号線を離す，または高インピーダンスの配線パターンの周りにガード・パターンを配置します．

技④ 表面と裏面の配線は直交させる

図4に示すのは，両面基板の表面と裏面に2本の配線パターンが並行して配置された基板です．同図のようなプリント・パターンでは，配線間の結合が発生しやすくなります．特にクロック信号のような常に変化

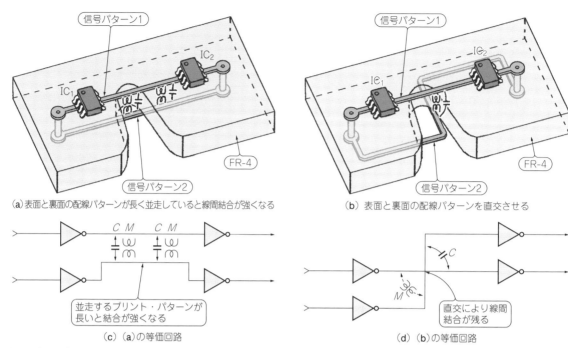

(a) 表面と裏面の配線パターンが長く並走していると線間結合が強くなる

(b) 表面と裏面の配線パターンを直交させる

(c) (a) の等価回路

並走するプリント・パターンが長いと結合が強くなる

(d) (b) の等価回路

直交により線間結合が残る

図4　表面と裏面の配線パターンを直交させることでクロストーク・ノイズを減らすことができる

する信号が通っているプリント・パターンが近くにあるとき，並走する信号ラインにノイズが乗り，回路動作が不安定になったり，誤動作したりする可能性があります．

両面基板の場合，**図4(b)** に示すように一方のプリント・パターンを裏面に配置し，互いの配線を直交させると，配線間の磁気結合や容量結合の影響を受けにくくなるので，信号間のノイズ干渉が低減します．

基板を設計するときは，プリント・パターンが交差している箇所だけでなく，リターン経路で形成されるループ間の磁気結合も小さくします．それぞれのループが直交していれば磁気結合を低減できます．

技⑤　クロックとデータは離す

図5 に示すのは，クロックとデータのプリント・パターンです．2つのプリント・パターンは並走しているので，クロック信号の立ち上がり / 立ち下がり時に片側の信号線パターンにノイズが誘起されます．この原因は前述したとおり，並走していると配線パターン間の磁気結合や容量結合が強くなりノイズが発生しやすくなるためです．並走するパターン間を**図5(b)** のように離すと，配線パターン間の電気的結合を減らすことができます．

図5(a) は片面基板です．グラウンド・パターンがクロック用の配線パターンの近くに配置されていないときは，**図5(b)** のように少し離しても，効果がない

可能性があります．高周波成分を含むディジタル信号やRF信号は，信号パターンの近くにある電位の異なる導体との間を進むことが原因です．クロック用の信号線の近くに**図5(d)** のようにグラウンド・パターンを配置すると，**図5(e)** の回路で示すように配線パターンにノイズが結合しにくくなります．

技⑥　1GHz以上の信号が伝わる配線周辺のガード・パターンには狭ピッチでビアを配置する

並走している配線間の磁気結合や容量結合を低減する方法として，クロック用の信号線の周りにガード・パターンを配置し電気的結合を減らす方法があります．しかし，**図6(a)** に示すようにガード・パターンの一方がグラウンドにつながっていて，他方がオープンになっている導体の場合，ロッド・アンテナとなって共振します [**図6(b)**]．配線の長さが120 mmのときは，約350 MHzで共振が起きます．クロック信号の立ち上がり / 立ち下がり時間は短いので，数十MHzのクロックでも問題になります．これを防ぐにはガード・パターンの両端をグラウンドに接続します．この場合共振周波数は2倍にアップします．

Gbps超の信号の場合は，ベタ層上にクロック・パターンとガード・パターンを配線して細かいピッチ（共振波長の1/2以下）のグラウンド・ビアでベタ層に接続します [**図6(c)**]．

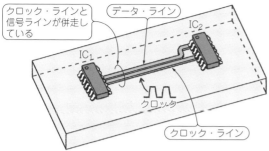

（a）クロックとデータの配線パターンを近すぎると，データ・ラインにクロストーク・ノイズが発生する

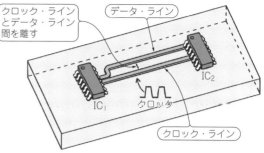

（b）配線パターン間を離すとノイズが低減する

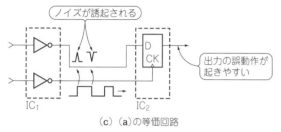

（c）（a）の等価回路

図5　クロック用とデータ信号用の配線パターンは離す

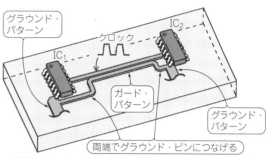

（d）クロック・ラインにガード・グラウンド・パターンを並走させるとノイズが広がりにくい

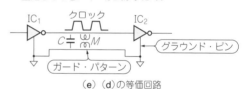

（e）（d）の等価回路

技⑦ 100MHz 以上の信号が伝わる 配線パターンは伝送線路と考える

　FPGAやマイコンを搭載する多層基板や両面基板で裏面をベタ・グラウンドにした基板では，ベタ面上にディジタル信号パターンが並んで配線されることが多いです．100 MHz 以上の信号が伝わる並走した配線間の信号クロストークは，低周波信号を扱う回路と動作が異なります．図7(a)に示すのは，ディジタル信号が伝わるプリント・パターンと無信号の配線パターンを平行に配線した基板です．

　IC$_1$から信号パターン1にディジタル信号が送り出されます．ディジタル信号がプリント・パターンに伝わる場合，配線パターンとベタ層との間に等価回路が形成されます．これはL_1とC_1が連続してつながる分布定数回路として表せる伝送線路になります．この伝送線路に並走する信号パターン2があると，プリント・パターン間に示した磁気と容量で結合される伝送線路として，線路間にも信号の一部が進んでいきます．

　図7(b)に示すように，信号パターン1を通るディジ

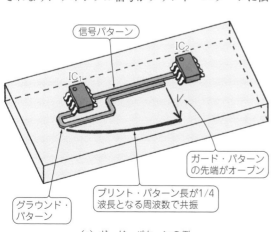

（a）ガード・パターンの例

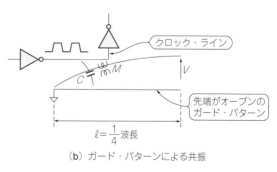

（b）ガード・パターンによる共振

（c）細かいピッチでグラウンド・ビアを打つ

図6　ベタ・グラウンドがある基板では，ガード・パターン上に細かいピッチでグラウンド・ビアを設ける

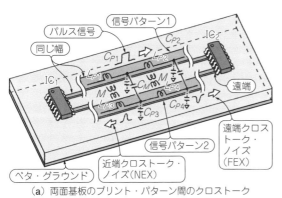

（a）両面基板のプリント・パターン間のクロストーク

図7　ディジタル信号は伝送線路とベタ・グラウンド・パターンとの間をほぼ光の速さで進む

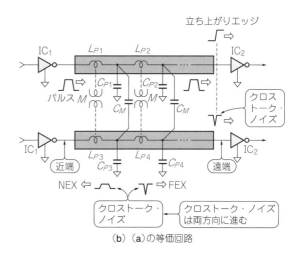

（b）（a）の等価回路

タル信号が左から右に進む場合，結合線路側に誘起されるノイズ成分は，信号パターン2を左側に進む成分と右側に進む成分があります．左端に現れるノイズを近端ノイズ（NEX），右端にあらわれるノイズを遠端ノイズ（FEX）と呼びます．信号パターン2の遠端ノイズは信号パターン1の信号エッジが右端に達したと同時に現れます．

　以上のことから頻繁にレベルが変化する信号パターンの近くを通る配線には，プリント・パターンを近接しないようにします．

技⑧　パスコンは電源ピンの近くに置く

　図8に示すのは，ディジタル回路の電源とグラウンド・パターンです．電源パターンとグラウンド・パターンはともに配線インダクタンスを無視できません．

　ディジタルICのスイッチング時の信号周波数成分は数百MHzを超える場合もあり，プリント・パターンの配線インダクタンスに，高速に変化する電流が流

れます．これにより，電源またはグラウンドの電位が変動します．

　図8（a）には，電源コネクタの近くに電解コンデンサとチップ・コンデンサが配置されています．チップ・コンデンサは，ディジタル・デバイスが高速にレベル変化するときに高周波電流をデバイスに供給するために設けられています．

　同図で示したように，デバイスの電源ピンとグラウンド・ピンとの間に長いプリント・パターンが入ると高速に電流を供給できず，デバイスが誤動作する可能性があります．また電源パターンとグラウンド・パターンが離れていると，電源側とグラウンド側の電流経路がループになって周囲に電磁界を放出しやすくなります．

　これを対策するには，**図8（b）**に示すように電源パターンとグラウンド・パターンを近くに配線します．各デバイスの電源ピンのすぐそばにチップ・コンデンサを配置し，そのグラウンド側の電極はグラウンド・

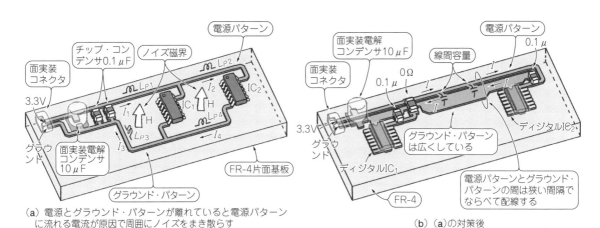

（a）電源とグラウンド・パターンが離れていると電源パターンに流れる電流が原因で周囲にノイズをまき散らす

（b）（a）の対策後

図8　電源とグラウンドが近くに配線されていると電源パターンに流れる電流で周囲にノイズが出にくい
チップ・コンデンサ（パスコン）はできるだけ電源ピンの近くに配置する

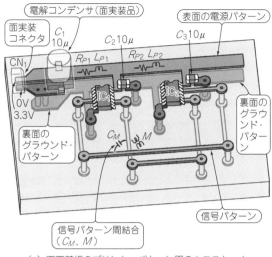

（a）両面基板のプリント・パターン間のクロストーク

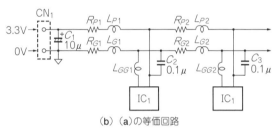

（b）（a）の等価回路

図9 ディジタルIC搭載の両面基板では，表面の電源パターンと裏面の電源パターンの幅はできるだけ同じ太さにする

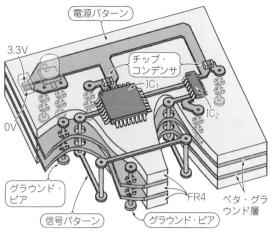

図10 Gbpsを超える高速信号基板では内層の2層ともベタ・グラウンドにすると回路動作が安定する

ピンとの間を太いグラウンド・パターンで接続しています．デバイスが高速に変化したときの電流は，このチップ・コンデンサから主に供給されるので，電源コネクタからのプリント・パターンが細くても高周波成分の電圧変動が抑えられます．

技⑨ 表面の電源パターンと裏面のグラウンド・パターンの幅は太くし両面とも同じ位置に配線する

ディジタルICを搭載した両面基板では，裏面のメタル層をベタ・グラウンド層にせず，両面の金属層とも信号パターンにします．1層の金属層を全面グラウンドすると，回路動作は安定になりますが，プリント・パターンを描ける自由度が低下します．このような場合，電源パターンとグラウンド・パターンは図9（a）に示すようにそれぞれの面に対して太めの配線パターンにして，上下同じ位置に配線するとよいでしょう．電源パターンとグラウンド・パターンで余分なループができず，プリント・パターン間の容量により電源のインピーダンスが低くなり安定動作につながります．

図9（b）に示すようにデバイスの電源ピンの直近にチップ・コンデンサ（C_2, C_3）を配置します．コンデ

ンサのグラウンド側は，パッドの直近に配置するグラウンド・ビアでグラウンド・パターンに接続します．チップ・コンデンサのグラウンド側パッドとグラウンド・ビアまでのプリント・パターンは太く短くします．

図9（a）では，グラウンド・ピンまで太いグラウンド・パターンから分岐して配線しています．グラウンド・ピンへの配線を太いグラウンド・パターンにして，電源ピンまでのプリント・パターンを分岐するほうがより安定に動作します．

技⑩ 4層基板の高速ディジタル信号直下の内層はベタ・グラウンドにする

ギガ・ビット・クラスのディジタル信号回路は差動伝送が使われることが多いです．高速ディジタル信号伝送回路の基板には，4層以上の基板を使うだけでなく，信号パターン直下のベタ層はすべてグラウンド層にします（図10）．

信号直下の層が電源パターン層になっていると，ベタ電源層の上に配線された信号パターンとその直下のベタ導体（電源層）間を進んできた高速信号は，デバイス近くで導体側が直接グラウンドにつながりません．デバイス近くのコンデンサ・ビア経由で高周波的につながることになります．この不連続のため信号が崩れ，動作が不安定になります．4層基板でこの問題に対処するには，2つの内層をベタ・グラウンドにします．

さらに信号パターンが表面層から裏表面層に抜けるスルーホール・ビアの近くに内層ベタ層間をつなぐグラウンド・ビアを設けます．差動信号の場合でも，1つの差動ビアごとに1つのグラウンド・ビアを直近に設けるとよいです．

最近の高速FPGAやCPUは表面層の電源層でプリント・パターン配線しやすいように一面側に電源とグラウンド・ピンをまとめて配置することが多いです．

第18章

高感度で受信する RFアナログ回路の基板設計

山田 一夫 Kazuo Yamada

本章では，光/重さ/圧力などμA以下の微小電流を計測する回路の信号パターンと周辺パターンとの結合で生じる雑音電流から防御するために活用されるガード・リングを紹介します．

時間の経過とともに，基板表面には，ほこりが付着していきます．そのほこりが水分を吸着すると，基板材の絶縁抵抗が低下します．絶縁抵抗が1MΩ以下になるときもあります．これにより，電源パターンなどから信号パターンに漏れ電流が流れます．漏れ電流は，高インピーダンスで高精度な回路では，出力オフセット誤差やノイズの原因となります．

高インピーダンス・パターンと同じ電位の低インピーダンス・パターンを周囲に設け，数十M～数GΩの高インピーダンス・パターンへの漏れ電流を防御することをガード・リングと言います．本テクニックにより，高インピーダンスのピンに流れ込む漏れ電流を2～3桁低減することができます．

技① 高インピーダンスの信号線にガード・リングを施して漏れ電流を防ぐ

図1にμAオーダの微小電流を計測する回路の例を示します．フォトダイオードをIC1のOPアンプにつないで，光を検出する回路です．図2に本回路のプリント・パターンの一部を示します．

図2(a)は基板の平面，図2(b)はIC1の2ピンと7ピンを含む断面です．図2(a)でIC1の2ピンが信号入力で，このピンに直接つながるプリント・パターンのインピーダンスは数十GΩと高いです．このプリント・

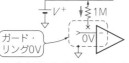

（a）回路

（b）ほこりなどにより絶縁抵抗が低下すると入力ピンに漏れ電流が流れ込む

（c）入力ピンとガード・リングが同電位のため漏れ電流が流れ込まない

図1 代表的なガード・リングの使用例…微小電流計測用I−V変換アンプ
フォトダイオードをOPアンプにつないで光を検出する回路．PD1のインピーダンスは数十GΩと高い．PD1に配線でつなげているプリント・パターンの端までガード・リングで囲い，漏れ電流を防ぐ

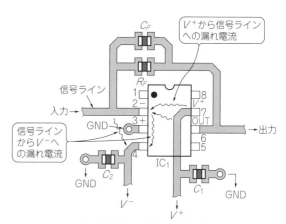

（a）図1のOPアンプ周辺の基板パターン

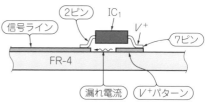

（b）OPアンプの2ピン-7ピン間の断面

図2 OPアンプの電源パターンから信号パターンに漏れ電流が流れ込む（対策前）
信号パターンは周辺パターンからのノイズの影響を受けやすい

パターンと近くの配線との間の絶縁抵抗が数GΩ以上でないと，漏れ電流が流れ込み，信号に影響を与えます．図2では入力ピンとそれにつながるプリント・パターンは0Vです．＋電源ピン（IC$_1$の7ピン）につながる配線と，－電源ピン（IC1の4ピン）につながる配線から，基板の絶縁体の抵抗を通して漏れ電流が流れます．

図3に，基板の絶縁体の抵抗を経由して，信号ピンに流れ込む漏れ電流を防ぐために，ガード・リングを施したプリント・パターンを示します．

ガード・リングのプリント・パターンは，信号ピンと同じ電位で低いインピーダンスにつながっていること

とがポイントです．電源パターンからの漏れ電流は，このガード・リングに流れ，それにつながる低いインピーダンスに流れ込みます．そのため，ガード・リング内の信号パターンには，漏れ電流が流れ込みません．

基板上で発生する漏れ電流の原因と対策

技② ピン間の表面の汚れが絶縁抵抗を支配する

写真1に示すACプラグでピン間に漏れ電流が発生して，火災事故が起きることがあります．その原因は，ピンを固定している絶縁材ではなく，ピン間の絶縁材の表面に付着したほこりなどの汚れやそれが水分を吸ってピン間の抵抗を下げることにより漏れ電流が増えるためです．これと同じ現象が基板上でも発生します．

技③ FR-4の抵抗値は1cmで500GΩ

基板材には通常ガラス繊維を芯にしたエポキシ材（FR-4材）が使われます．FR-4材そのものは，新品の状態では絶縁抵抗がかなり高く，図4に示すような導体間が10mmの絶縁試験（JIS-C6481）を行ったとき，抵抗は500GΩ以上とされています．

表1は図4の方法で測った各種基板材の絶縁抵抗をまとめたものです．基板絶縁材の表面抵抗と内部抵抗

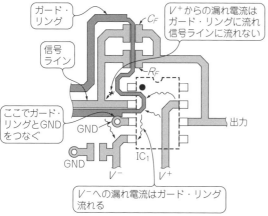

（a）ガード・リングを設けた図1のOPアンプ周辺の基板パターン

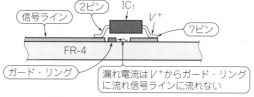

（b）OPアンプの2ピン-7ピン間の断面

図3　ガード・リングを付けると，OPアンプの電源パターンから信号入力パターンに漏れ電流が流れ込まない（対策後）
信号ピンとガード・リングは同じ電位である．電源パターンからの漏れ電流は，ガード・リングに流れ，それにつながる低いインピーダンスに流れ込む

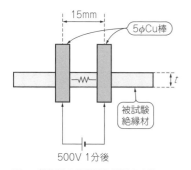

図4　基板材の絶縁抵抗試験の方法
絶縁材の内部抵抗と表面抵抗をまとめて測定する．詳細は文献(1)に記載されている

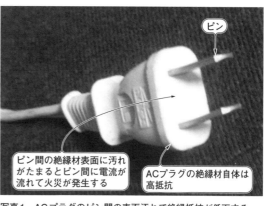

写真1　ACプラグのピン間の表面汚れで絶縁抵抗が低下する
絶縁材の表面に時間とともに付着していく汚れが絶縁抵抗を支配する

表1　各種基板材の絶縁抵抗
FR-4であれば，表面抵抗，内部抵抗は10GΩ以上確保されている

基板絶縁材の種類	常態での絶縁抵抗 [Ω]	高温加湿後の表面抵抗 [Ω]	高温加湿後の体積抵抗率 [Ω・m]	関連JIS規格
紙基材フェノール樹脂	1×10^{10}以上	1×10^{9}以上	1×10^{8}以上	C6485
紙基材エポキシ樹脂	1×10^{11}以上	5×10^{9}以上	5×10^{9}以上	C6482
ガラス布・紙複合基材エポキシ樹脂	1×10^{11}以上	3×10^{10}以上	5×10^{9}以上	C6488
ガラス布基材エポキシ樹脂（FR-4）	5×10^{11}以上	5×10^{10}以上	1×10^{10}以上	C6484
ガラス布基材ポリイミド樹脂	5×10^{11}以上	5×10^{10}以上	5×10^{10}以上	C6490

を分けて測定する方法もあります．基板の絶縁材が FR-4などであれば，表面抵抗，内部抵抗ともに10GΩ程度は確保されているといえます[1]．

技④ 高インピーダンス回路は表面汚れの影響で絶縁抵抗が低下しやすい

一般にフォトダイオードは，インピーダンスが高いです．S1787-08（浜松ホトニクス）では100GΩ程度あります．図1では，この高インピーダンス・デバイスから高インピーダンスのOPアンプの入力ピン間をプリント・パターンでつないでフォトダイオードの電流信号を電圧出力に変換します．

表2に主なOPアンプの入力抵抗を示します．FET入力のものはTΩオーダなので，非常に高い値になっています．図1の回路ではフィードバック抵抗R_Fは1MΩ程度，C_Fは数pFです．

フォトダイオード回路以外に高インピーダンスとなる回路には，スイッチ回路や高インピーダンス・バッファ回路などがあります．これらの回路をFR-4などのプリント・パターンで作成するときは，絶縁材の絶縁抵抗が回路動作上問題ないことを確認する必要があります．さらに，その基板材の絶縁抵抗が材料としては十分高くても，回路部品をはんだづけで実装した後にも絶縁抵抗が低下していないかや，実際の使用に伴ってどの程度低下するかを把握しておきます．

基板が使用される時間の経過とともに基板の表面に汚れが付着すると，表面抵抗が低下していきます．は

んだづけしたときに使われるフラックスの洗浄が不十分で基板上に残っていると時間経過で金属が腐食して，表面上にマイグレーションなどの現象で抵抗が大幅に低下することもあります．

技⑤ ガード・リングの上にはレジストをかけない

図5にガード・リングの上にレジスト（ソルダ・レジスト）をかけたときと，かけていないときの基板断面を示します．どちらも回路を長期間動かすと，表面に汚れが付着していきます．図5に示す最上層が「低抵抗の汚れ層」です．ほこりは水分を吸収するため，この層の抵抗値が大きく低下します．低抵抗と書いていますが，GΩクラスの高インピーダンス・パターンに比べたときで実際はMΩ程度です．

レジストは，普通の状態では数GΩの抵抗があります．このためレジストでガード・リングを覆うと，図5（a）で漏れ源である電源パターンにつながるレジストから，露出しているチップ・コンデンサの電極部と，右端のICチップのリード導体間にガード導体があっても，左側の電源部の導体からICの導体ピン間に漏れ電流が流れ込みます．レジストで絶縁されて，レジスト層上に付着した低抵抗の汚れ層はガード・リングが効きません．図5（b）では汚れ層がガード・リングに接触しているため，左端のチップ・コンデンサの電源端子から流れてきた漏れ電流はガード・リングに流れ，右端のICピンに流れないように阻止できます．

表2　主なOPアンプの入力抵抗と入力オフセット電圧／電流

OPアンプ	入力抵抗 ［Ω］	入力バイアス電流 ［pA］	入力オフセット電圧 ［μV］	入力段プロセス
NJM4558	5M	25000	500	バイポーラ
OP27	6M	10	10	バイポーラ
LF356	1T	30	3000	JFET
LM310	1T	2	2.5	バイポーラ
ADA4530-1	100T	0.02	8	MOSFET

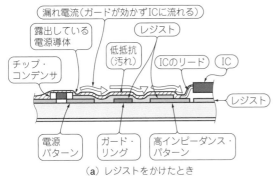

（a）レジストをかけたとき

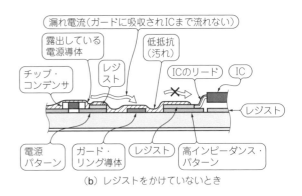

（b）レジストをかけていないとき

図5　ガード・リングにはレジストをかけないようにする
ガード・リングのレジストの有無によって漏れ電流の大きさが変わる

図6　バッファ・アンプのガード・リング・パターン
高インピーダンス・パターンと同じ電位でハイ・インピーダンス・パターンを取り囲む

ガード・リングが有効な応用回路

技⑥ バッファ・アンプは高インピーダンス・パターンと同じ電位で取り囲む

　図6は2個入りの面実装OPアンプを使用したバッファ回路にガード・リングを施したプリント・パターンです.

　表2で示したように, 入力インピーダンスはOPアンプによって異なりますが, かなり高いインピーダンスになります. このため, ガード・リングが活用されます. 図6(a)は, CN_1からケーブルで基板外に配線が出ているときのプリント・パターンです. この場合もコネクタ・ピンまでガードで囲います.

　ケーブルでの漏れを考慮するときは, 信号線のホット側をシールドし, そのシールドをガード・リングと同じ電位で別のバッファで駆動します. これをアクティブ・シールドと呼びます.

技⑦ 非反転アンプは数kΩのゲイン抵抗でガード・リングをドライブする

　図7に非反転アンプの基本回路を示します. ＋入力ピン(3ピン)に入力される信号が同位相で出力されます. −入力ピン(2ピン)と＋入力ピン(3ピン)は高インピーダンスになっているので, 基板表面を伝わってくる漏れ電流が2ピンと3ピンに流れ込まないようにします.

　R_1とR_2はゲインを決める抵抗のため, OPアンプが無理なく駆動できる範囲でどちらか1つはkΩオーダの抵抗にします. ガード・リングは低い抵抗値のR_2で0Vに接続されているので, ガード・リングに流れ込んだ漏れ電流は, ほとんどが0Vに流れます. このため高インピーダンスの入力ピン(2ピン)がガード・リングに接続されていますが, このピンには実質漏れ電流は, 流れ込みません.

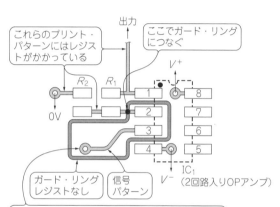

(a) 基板レイアウト

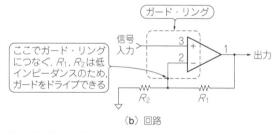

(b) 回路

図7　非反転アンプのガード・リング・パターン
出力ピンのインピーダンスが低くR_1が数kΩと低いときは, ガード・リングをドライブできる

技⑧ 反転アンプは数kΩの分割抵抗の電位にガード・リングをつなぐ

　図8に反転アンプの基本回路を示します. ＋入力ピン(3ピン)に入力される電圧を基準として入力信号と逆位相の信号が出力されます.

　R_3とR_4は基準電位を決める抵抗のため, 回路で無理なく流せる範囲でどちらか1つは低い抵抗(数kΩ)にします. ガード・リングは, 低い抵抗値のR_3, またはR_4に接続されているため, ガード・リングに流れ込んだ漏れ電流は, ほとんどがGNDパターン, ま

たは電源（V^+）パターンに流れます．

技⑨ 絶縁抵抗の大きなコーティング剤を基板表面に塗布する

図9（a）に金属が露出している基板の断面を示します．この基板は漏れ電流が問題になります．

図9（b）は，十分絶縁抵抗の大きなコーティング剤で電極部やリード線を含む基板表面をコーティングしています．図9（b）に示すように金属部分が露出しないようにコーティングすると，基板表面に低抵抗の汚れが付着してもコーティングにより電源導体と信号導体間に低抵抗部がないため高い絶縁を保てます．

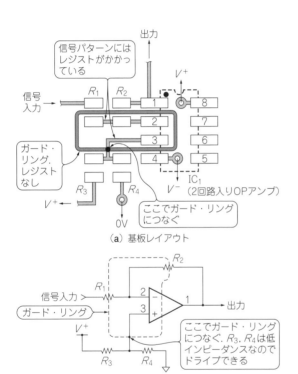

（a）基板レイアウト

（b）回路

図8　反転アンプのガード・リング・パターン
R_3とR_4の抵抗分割で電圧を発生させ，ガードにつなぐ

技⑩ 絶縁抵抗の大きなテフロン・スタッドを立てて空中配線する

基板材のFR-4の抵抗より何桁か大きい抵抗の絶縁材がテフロンです．体積抵抗率で$10^{22}\,\Omega$/cmと大きな値です．これを基板上に固定できるように金属ピンをつけた支柱が売られています．写真2にその一例を示します．

FR-4上の基板パターンには直接つなげません．そのため，図10に示すように配線は空中で配線します．

技⑪ 1TΩ以上の高インピーダンス回路では内層の漏れ電流もガードする

写真3に1TΩを超える入力インピーダンスのアンプADA4530-1（アナログ・デバイセズ）の評価基板を示します．このアンプの入力インピーダンスは1TΩ以上で入力電流もfAと超高インピーダンスです．fAクラスに対応するため，基板絶縁材の内部抵抗による漏れ電流も問題となってきます．

細かいピッチでスルーホールをガード・リングに設けて内部ガード電位のベタ・パターンに接続し，内層経由の漏れ電流もガードします．ガード・リングは幅

写真2　空中配線で使うテフロン・スタッドFX-3（マックエイト）

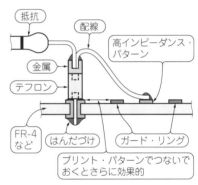

図10　基板上にテフロン・スタッドを立てて上の溝加工の部分にハイ・インピーダンス部品を配線する
下側のピンを基板にはんだづけする

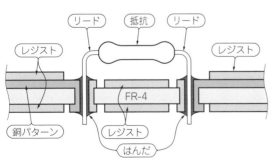

（a）金属部分が露出している基板の断面

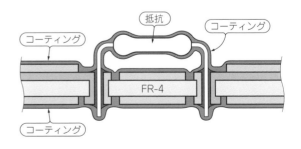

（b）コーティングで金属部分が露出していない基板の断面

図9　絶縁抵抗の高い物質でコーティングして，導体部を露出しにくくなれば絶縁体の表面が汚れても抵抗値は低下しない

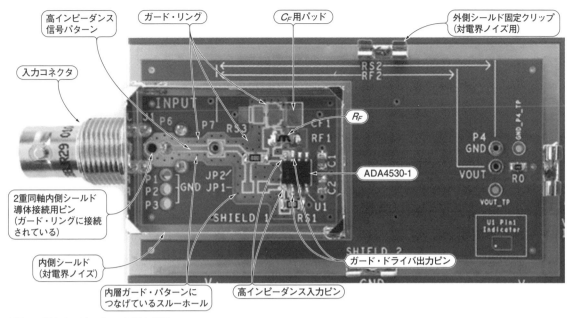

写真3　超高インピーダンス回路の基板
1 TΩを超える入力インピーダンスのアンプのため，約1mmのピッチでスルーホールをガード・リングに設けて内層での漏れ電流もガードしている．
ガード・リング部にはレジストをかけていない．シールド・ケースも2重にかぶせるようにして電界結合も防いでいる

を広めにとって，レジストもかけないようにしてガードの効果を確保しています．

　写真3のアンプにはガード・リングを駆動するアンプが内蔵されています．さらに回路のインピーダンスがTΩクラスのため，空間経由での電界結合は平面的なガード・リングでも防げません．したがってシールド・ケースも2重にかぶせるようにして，3次元的に電界結合も防ぎます．

　図11は写真3の評価基板にADA4530-1を使ってトランスインピーダンス・アンプ・タイプのフォトダイオード検出回路を構成している例です．2ピンと7ピンが，ガード・ドライブ・アンプの出力です．基板上でこの2ピンと7ピンをつなぎ，フィードバック抵抗R_Fの高インピーダンス側(8ピン)と，フォトダイオードに接続されるコネクタ・ピン，高インピーダンス＋入力(1ピン)を取り囲んだガード・リング・パターンで作成しています．

　コネクタからフォトダイオードまでのケーブルが長いときは，シールド線をさらにシールドした3重同軸線を使い，中心導体をフォトダイオードに，そのシールドをガード・ドライブにつなぎ，最も外側のシールドをグラウンドとすることで，ケーブル途中での漏れ電流を防ぐことができます．**写真3**の基板は，3重同軸線にも対応しています．

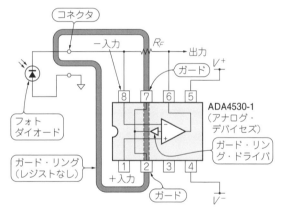

図11　写真3のICに内蔵されているバッファ・アンプでガード・リングをドライブする
写真3の評価基板はいろいろな回路形式で使えるようにプリント・パターンが用意されている

◆参考資料◆

(1) 日本工業規格，JIS C6481-1996，JIS C6484-2005，JIS K7194-1994.

(2) Low Level Measurements Hand Book 7rd Edition, 2014, Kiethley Instruments.

(3) ADA4530-1 データシート，アナログ・デバイセズ.

第19章

計測信号に使える
信号-GND線ペアリング

山田 一夫 Kazuo Yamada

本章は，ノイズ干渉を低減する信号線とグラウンド（GND）線のペアリング技術を紹介します．

本テクニックは，高精度な計測回路作りだけでなく，クリーンな電源回路にも活用できます．

負荷100Ωを境にして対策を変える

技① 負荷が100Ω以下のときは配線のループ面積を小さくする

図1は，5V振幅，1kHzパルス幅の信号をスイッチ・デバイスからLEDに供給する回路です．LEDは表示回路として計測器にも使われています．ここでは，LED（D_1～D_4）にそれぞれ22Ωの抵抗を直列に接続し，4つの回路にプリント・パターンA_1を経由して電流を供給しています．LEDの順方向電圧降下が約3Vとすると，プリント・パターンA_1にはON時に約0.4Aの電流が流れます．

このように負荷抵抗が小さく，電流が多いとき，配線間は磁界的結合が電界的結合より強く支配的になります．電流変化の大きい配線は，周囲に磁界を放出するので，計測器などの回路動作に影響を与えます．電流が多いときは，回路ループを小さくします．

図2に図1の配線例を示します．図2(a)は，一見するとループが小さい配線です．しかしGNDパターンは途中で分岐して両端でつながっていて，リターン電流は配線抵抗の低い幅広のGNDパターンを通ります．

図2(b)に良い配線例を示します．幅広いGNDパターンに電流供給側の配線を添わせるようにして，電流が通るループの面積を小さくします．

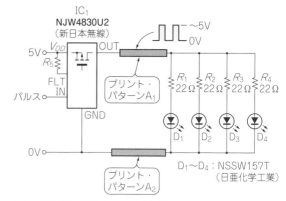

図1 負荷抵抗が数ΩのLED点灯回路
プリント・パターンA_1，A_2にはLED ON時に約0.4Aの電流が流れる．IC_1はパルス・コントロール用のスイッチ・デバイスである

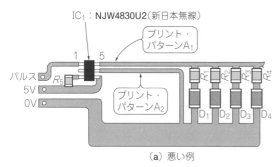

（a）悪い例

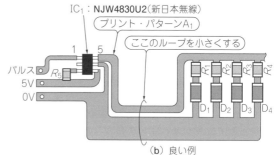

（b）良い例

図2 図1のプリント・パターンを描くときは，配線のループ面積を小さくして放射ノイズを抑える
（a）では，LED電流供給用のプリント・パターンA_1に0Vのプリント・パターンA_2が沿って配線されている．LEDから0V入力ピンまでのリターン電流は下の幅広GNDパターンを通るので電流ループが大きくなり，周囲にノイズを放出する．（b）はLED電流の行きとリターン・パターン間にループがなく，周囲にノイズを出しにくい．本図ではLEDの放熱対策は実施されているものとする

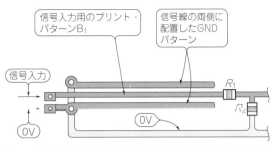

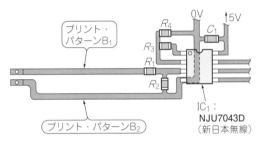

図3 **負荷抵抗が数kΩの例題…OPアンプ回路**
プリント・パターンB$_1$には20kΩ（=R$_1$+R$_2$）がつながるので，図1に比べて2桁ほど電流が少ない

図5 **信号線の両側の隙間を狭くしてGNDパターンを描くと図4に比べてアイソレーションが良くなる**

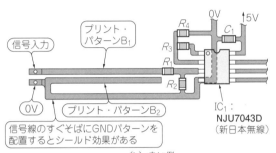

（a）悪い例 （b）良い例

図4 **図3のプリント・パターンを描くときは，信号線の近くにGNDパターンを置いてシールドする**
（a）では，プリント・パターンB$_1$とB$_2$が離れている．（b）では，プリント・パターンB$_1$のそばにGNDパターンB$_2$を配置している．プリント・パターンB$_1$には20kΩ（=R$_1$+R$_2$）がつながり，あまり電流は流れない．このプリント・パターンのすぐそばにGNDパターンB$_2$を配線するとシールド効果が出る

技② 負荷が100Ω以上のときは信号線の直近にGND線を置いてシールドする

図3は計測回路です．周波数1kHz，振幅1V$_{P-P}$の信号がプリント・パターンB$_1$を経由し，OPアンプに入力されます．プリント・パターンB$_1$には1Vピーク時に0.5mAの電流が流れます．このように負荷抵抗が大きく，電流が少ないとき，配線間は電界的結合が磁界的結合より強く支配的になります．

図4に図3の配線例を示します．図4（a）では，プリント・パターンB$_1$とB$_2$が離れているのでシールド効果がありません．シールド効果を出すには配線間を狭くします．図4（b）では，信号線のすぐそばにGNDパターンを描いているので，シールド効果があり，周囲のノイズ干渉を低減できます．

技③ アイソレーションの向上には信号線の隙間を狭くGNDパターンを描く

さらにアイソレーションを良くしたいときは，図5に示すように信号線の両側の隙間を狭くしてGNDパターンを描いたり，基板の反対面（信号線の真下）に広めのGNDパターンを描きます．

負荷抵抗がMΩ以上の高抵抗になるときは，配線間の絶縁抵抗が問題になります．負荷抵抗と絶縁材の抵抗を考慮して配線の距離を設定したり，シールド配線の有無を決定したりします．

図1と図3でプリント・パターンに流れる電流は，2桁程度異なります．信号線とGND線の配線方法によってほかの電子回路に与えるノイズ量や，ほかの機器からのノイズの受け方も異なります．負荷抵抗がおおむね100Ωを境にパターンの描き方を変更するとよいです．

負荷と配線方法を変更したときのアイソレーション

● アイソレーションの周波数特性

図6に負荷抵抗を変更したときの磁界結合と電界結合の周波数特性を示します．単線ループの信号発生源に対して受け側を単線ループ，またはツイスト線にしたときの線路間アイソレーションの周波数特性です．

図6（a）は負荷抵抗が小さく磁界結合が支配的になっているとき，図6（b）は負荷抵抗が大きく電界結合が支配的になっているときの結果です．縦軸は，信号源側の電圧V_Sと受け側の電圧V_Nの比（対数）です．値が高いほど結合が強く，線間のアイソレーションが悪くなります．横軸は周波数を対数でとっており，その

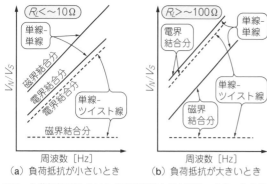

図6　負荷抵抗が小さいときは磁界結合が支配的，大きいときは電界結合が支配的である
負荷抵抗を変更したときの磁界結合，電界結合の周波数特性．縦軸は信号源の電圧 V_S と受け側の電圧 V_N の比（対数），横軸は周波数（対数）である．ツイスト線を利用したときのグラフであるが平行電線でも同様の特性になる

範囲は $100\,\mathrm{Hz} \sim 100\,\mathrm{kHz}$ です．

技④　ペアリングは負荷抵抗が小さいときに有効

　図6(a)で単線のときは電界結合分は磁界結合分に隠れて目立ちません．受け側をツイスト線にすると磁界結合分は電界結合分よりも小さくなるので，電界結合による量でアイソレーションが決まります．

　図6(b)では，磁界結合分は電界結合分に隠れて目立ちません．電界結合の場合は受け側をツイスト線にしてもアイソレーション改善は少しです．

■ 実際に銅線で実験してみる

　プリント・パターン間のノイズ干渉量を確認するため，銅線（導体線路）を利用して実験を行います．ここでは，平行電線を利用しました．

● 線路間結合のゲイン周波数特性を測定する方法

　測定周波数範囲で周波数を変えながら信号発生側の線路に正弦波を入力し，受け側線路の信号との比を測ります．今回は，パソコンにUSB接続するタイプの測定器 Analog Discovery を使いました．

　1/10000（80 dB）程度までの結合であれば，本器で測定できます．Analog Discovery の信号発生器は大きな電流が取れないので，図7に示すように電流バッファを追加して，$5\,\Omega$ の負荷に1Vピークの信号を入れても十分電流が流れるようにしました．受け側の線は両端に $5\,\Omega$ をつけています．電流が少ないときの実験では，両端の抵抗を $10\,\mathrm{k}\Omega$ にしました．

● 配線ループ間を大きくしたときのアイソレーション

　図8に基準となる大きなループ線路間のアイソレーションを測定するための実験のセットアップを示しま

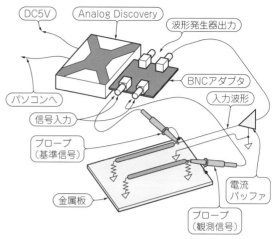

図7　配線間のアイソレーションを測定するためのセットアップ方法
AnaogDiscovery の波形発生出力に電流バッファを追加して $5\,\Omega$ の負荷に1Vピークの信号を入れても十分電流が流れるようにする

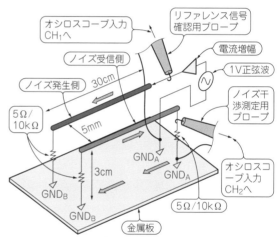

図8　信号発生源側のループに電流が流れると近くにある配線に電流が誘起されノイズとなる
単線間の信号干渉を調べるための実験セットアップ．基準の線路間アイソレーションを観測するため，両方の線路をループ回路にしている．プローブのGNDは GND_A 直近の金属板につなぐ

す．各ループ線路長は約 $30\,\mathrm{cm}$，ループ線の上下線の間隔は約 $3\,\mathrm{cm}$，ループ線路間隔は約 $5\,\mathrm{mm}$ です．各ループ線路は金属板のGNDに両端で接続されています．

　図9で0 dB付近の線は入力側のリファレンス信号です．$5\,\Omega$ のとき，$200\,\mathrm{kHz}$ 以上でリファレンス信号のレベルが変化しているのは，バッファ回路によるものです．アイソレーション側はこのリファレンス信号に対しての差分をプロットしています．

　図9の測定結果から負荷抵抗が $5\,\Omega$ のときは，$10\,\mathrm{kHz}$ で $-56\,\mathrm{dB}$，$100\,\mathrm{kHz}$ で $-40\,\mathrm{dB}$，$1\,\mathrm{MHz}$ で $-25\,\mathrm{dB}$ 程度の線路間アイソレーションです．

　負荷抵抗が $10\,\mathrm{k}\Omega$，周波数 $100\,\mathrm{kHz}$ 以下では数dBアイソレーションが悪くなっています．これは抵抗が

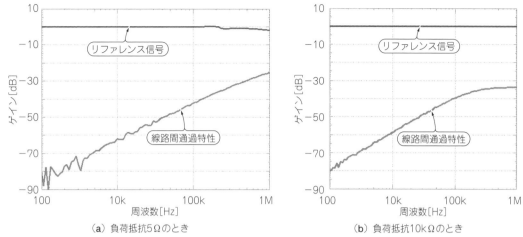

(a) 負荷抵抗5Ωのとき

(b) 負荷抵抗10kΩのとき

図9　図8の測定結果…(b)は(a)に比べて配線間の結合容量の影響を受けるためアイソレーションがよくない
(a)では，10kHzで－63dB，100kHzで－43dB，1Mzで－26dB程度のアイソレーションである．(b)では，10kHzで－58dB，100kHzで－40dB，1MHzで－34dB程度のアイソレーションである

小さいときに比べて，線路間容量による結合の影響が出やすくなるためです．100kHz以上でアイソレーションが周波数上昇とともに直線的に悪化していないのは，線路のインダクタンスと負荷抵抗10kΩによりフィルタができているためと推測できます．

● 平行電線の片側をGNDに落としたときのアイソレーション

ノイズ発生源側を単線ループにして，受け側を平行電線にしたときのアイソレーションを測定しました（図10）．受け側の電線は0.3mm²のビニール銅線が平行に並んでいます．受け側の平行電線でGND側の片方を図10に示すようにGNDから浮かした状態で測定してみました．受け側の平行電線は，リターン経路がGND面ではなく，ペアにしている相手の線となります．

図11(a)に負荷5Ωのときの結果を示します．数十k～数百kHzではペアリングによりノイズが25dB以上，1MHzでは34dB低減します．

図11(b)に負荷10kΩのときの結果を示します．

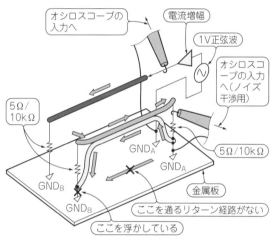

図10　片方のGNDを浮かせた状態で平行電線間の干渉を調べるための実験セットアップ
GND面を経由する経路がなくなるので，平行電線のリターン電流はペアリング配線を通り，ループ面積が小さくなってノイズ干渉が低減する

6dB程度の改善なので，5Ωのときに比べノイズ低減効果はあまり見られません．

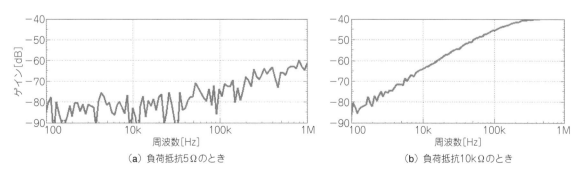

(a) 負荷抵抗5Ωのとき

(b) 負荷抵抗10kΩのとき

図11　図10の測定結果…(a)では数十k～数百kHzのとき，図9(a)に比べて25dB以上アイソレーションがよくなる
(a)では，10kHzで－80dB(27dB)，100kHzで－75dB(28dB)，1MHzで－60dB(34dB)程度のアイソレーションである．( )内はループどうしのアイソレーションとの比較である．(b)では，10kHzで－64dB，100kHzで－46dB，1MHzで－40dB程度のアイソレーションである

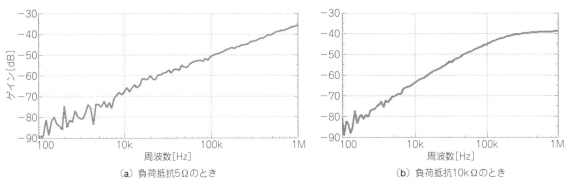

（a）負荷抵抗5Ωのとき

（b）負荷抵抗10kΩのとき

図13　図12の測定結果…30kHzを超えると(a)は図11(a)に比べてアイソレーションが悪くなる
（a）では，10kHzで−68dB（5dB），100kHzで−50dB（7dB），1MHzで−36dB（10dB）程度のアイソレーションである．（ ）内はループどうしのアイソレーションとの比較である．（b）では，10kHzで−63dB，100kHzで−45dB，1MHzで−39dB程度のアイソレーションで図11(b)とほぼ同じ結果である

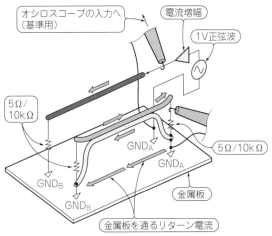

図12　両端をGNDに接続した状態で平行電線間の干渉を調べるための実験セットアップ
GNDのインピーダンスが低いときは平行電線のホット線とGND面でできるループがノイズの影響を受ける

表1　大きいループにしたときとペアリングにしたときのアイソレーション
負荷5Ω，周波数1kHzのときのデータはノイズ・レベルなので，今回のセットアップ環境では差分を測定できない

負荷抵抗	5Ω			10kΩ		
周波数	1kHz	10kHz	100kHz	1kHz	10kHz	100kHz
大きいループ	0dB	0dB	0dB	0dB	0dB	0dB
平行電線の両端がGND	−	−5dB	−7dB	−6dB	−6dB	−6dB
平行電線の片方がGND	−	−27dB	−28dB	−6dB	−6dB	−6dB
平行電線の両端がオープン	−	0dB	0dB	0dB	0dB	0dB

るループに流れる電流が少なくなり，ノイズ発生源側の配線と平行電線間の容量による電界結合が生じることが原因です．

■ 実験のまとめ

表1に実験結果を示します．

技⑤　回路抵抗が小さいときはリターン電流を平行電線に流す

表1から，10k〜100kHzで負荷抵抗が小さく，電流が多いと，信号線とGND線間のループを小さくすると干渉に効き，周囲にノイズを出したり，拾ったりしにくくなります．これは実質的な回路ループ面積が小さくなるからです．平行電線の両端のGND側をGND面に落とすと電流性ノイズの低減効果が少なくなります．ペアリングしてアイソレーションが良くなるのは，信号線側の電流と逆向きでほぼ同じ大きさの電流が近くの線を通るときです．

技⑥　回路抵抗が大きいときはループ面積を小さくしても効果が少ない

周波数がMHz以下でインピーダンスが高い回路で

● 平行電線の両端をGNDに落としたときのアイソレーション

図12に平行電線の両端のGND側を金属板に接続したときの測定セットアップを示します．

図13(a)に負荷5Ωのときの結果を示します．1k〜30kHzでは単線のときと同程度です．30kHzを超えると図11(a)に比べアイソレーションは良くないです．図10の金属板部に矢印で示したようにペアリングにしたときのリターン経路よりも，GND金属板のほうが抵抗が低くリターン電流のほとんどが金属板を通っています．平行電線のホット側の線と金属板とでできているループで発生側のループの磁界を受けていることが原因です．

図13(b)に負荷10kΩのときの結果を示します．図13(b)では，前述した図11(b)の平行電線の片方を浮かしたときとアイソレーションはほぼ同じです．これは負荷抵抗が大きいので，平行電線と金属板とででき

はループ面積を小さくすることによるノイズ低減効果は小さいです．したがって負荷抵抗が大きいときは，ループ面積を小さくしてもあまり効果がありません．

信号線のそばにペアリングしているGNDパターンがあると干渉が半分程度に減っています．これは信号線のすぐそばに通っているGNDパターンとの間の容量結合で一種のシールドができているからです．

* * *

プリント・パターンの電流ループを小さくなるように配線することが基本と言われていますが，負荷抵抗によってループ面積が効くときと，あまり効かないときがあります．

負荷抵抗を考えて信号とGND間の配線方法を変更することが，ノイズ干渉を抑えるカギとなります．

数MHz以上の周波数では直流抵抗が低いGNDリターン経路があってもホット側の線路近くにある導体を主にリターン電流が通ります．このため数MHz以上の高い周波数では両端がGNDに落ちていても単線にせずペアリング，またはシールド線（同軸線）を使うことでRF/高速信号が実際に通るループ面積が小さくなりノイズが低減します．

◆参考資料◆

(1) Clayton Paul；Introduction to Electromagnetic Compatibility, 2nd ed. Wiley‐Interscience, 2006.

column ▶ 01　GND面スリットを信号がまたぐときに発生するノイズ対策

山田 一夫

図AにアナログAGNDとディジタルDGNDをスリットで分離した両面基板を示します．高速ディジタル信号のプリント・パターンがAGND側にいったん出てディジタル側に戻ってきています．

このプリント・パターンでも回路は動作する可能性はありますが，周囲にノイズを出しやすい配線です．その理由はグラウンド（GND）の切れ目（スリット）を高速信号のプリント・パターンがまたいでいるためです．

高速信号はスリットをまたいだ後でも，ベタのグラウンド・パターンなど信号線とその近傍にある導体の間を進んでいきます．線路断面の電磁的特性を特性インピーダンスと呼びます．線路途中でこの特性インピーダンスに不連続があると，そこで反射が

起き，周囲に電磁波ノイズを出しやすくなります．

技Ⓐ スリットをまたいだコンデンサの配置で放射ノイズが低減する

図Bに高速信号のプリント・パターンがグラウンド・パターンのスリットをまたぐときの対処方法を示します．信号のプリント・パターンの直近にスリットをまたいだコンデンサを配置し，グラウンド間を高周波的に接続しています．グラウンドのスリット部分のリターン電流は，このコンデンサを通って進みます．この配線では，スリット部での特性インピーダンスの不連続が少なくなるので，周囲に出す放射ノイズを低減できます．

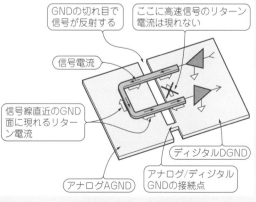

図A　悪いプリント・パターン例…信号線はスリット部分で特性インピーダンスの不連続があり，信号反射が起きる
周囲に大きな放射ノイズを出す

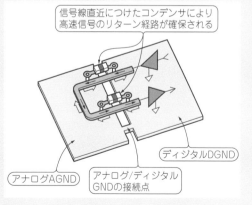

図B　良いプリント・パターン例…信号線がGNDのスリットをまたぐ箇所でコンデンサを接続しているので，特性インピーダンスの不連続が軽減でき，信号反射が減る
周囲に放射ノイズを出しにくい

高感度で受信する RF回路の基板設計

志田 晟 Akira Shida

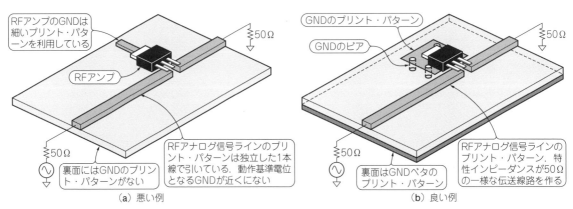

図1 数十M～数GHz帯域のRFアンプ基板を製作するときはプリント・パターンのインピーダンスを考えて設計する
GHz帯のRFアンプと送受信側の部品間のプリント・パターンは特性インピーダンスを考えて設計する．(a)はGNDのプリント・パターンが細く配線幅も考慮していないため，信号が伝わらない．(b)は裏面にGNDベタのプリント・パターンを利用して基準電位を安定化し，配線の特性インピーダンスも考えて設計がされている

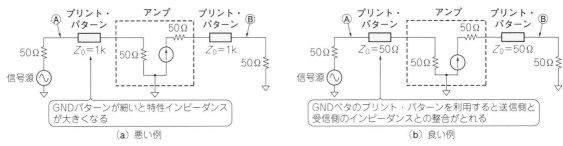

図2 図1に示すRFアナログ信号ラインのプリント・パターン周辺の等価回路
(a)ではプリント・パターンが特性インピーダンスが1kΩになっているため，他の部品とインピーダンスが異なり不整合となる

　本稿では，数十M～数GHz帯域のRFアンプ基板でアナログ信号をスムーズに伝えるためのプリント・パターンの作り方について解説します．

　Wi-Fi機能を搭載した基板では，数GHzのRFアナログ信号をデバイスから基板上の同軸コネクタ，またはアンテナ部品までプリント・パターンでつなぐことがあります．RFアナログ信号が通る配線は単に0.5 mm幅のプリント・パターンなどをつなぐだけでは，反射と呼ばれる信号のはねかえりや発振などによりエネルギーがうまく伝わりません．

　特性インピーダンスは，プリント・パターン周辺

の空間の電界と磁界によって導体に現れる電流と電圧の比です．RFアナログ信号の場合，プリント・パターンの特性インピーダンスと線路端につながる部品/回路のインピーダンスを考えて基板設計をすることにより，信号がスムーズに伝わる信頼性の高い回路を作ることができます．

技① プリント・パターンの特性インピーダンスを考えて設計する

　図1に数十M～数GHz帯域のRFアンプ基板の信号配線例，図2にその等価回路を示します．図3に示す

図3 図2の各部の信号波形
インピーダンスの整合がとれていないと発振したり，信号が伝わらなかったりする．インピーダンス整合がとれていると，増幅された信号がきっちり伝わる

（a）入力Ⓐ

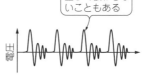
信号が発振して正しく伝わらないこともある

（b）悪い例の出力Ⓑ

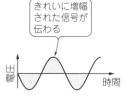
きれいに増幅された信号が伝わる
（c）良い例の出力Ⓑ

図4 マイクロストリップ・ラインの電界と磁界分布
（a）ではマイクロストリップ・ラインとGNDベタのプリント・パターン間に電界が集中している．（b）ではマイクロストリップ・ラインの周りに磁界が発生しており，そのラインとGNDベタのプリント・パターン間はとくに磁界が強くなっている．矢印の色が濃いほど電界と磁界が強い．Microwave Studio（CST）で解析した

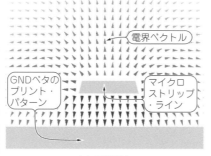
（a）電界分布

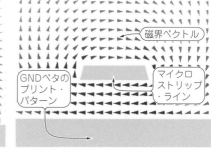
（b）磁界分布

のは図2のⒶとⒷの信号波形です．

　図1（a）ではアンプのGNDをRFアナログ信号ラインのプリント・パターンと同じ配線幅にしています．銅パターンの信号ラインは基準電位となるGNDが近くにないと，図2（a）に示すようにインピーダンスが不一致になります．これにより，図3（b）に示すように発振したり，大幅に減衰したりして信号が伝わらないため，アンプが動作しません．

　図1（b）では回路の基準電位を安定させるため裏面にGNDベタのプリント・パターンを利用しています．プリント・パターンの特性インピーダンスは図2（b）に示すように送受信側の回路にあわせて設計しているため，図3（c）に示すようにRFアナログ信号ラインとGNDベタのプリント・パターン間の隙間をスムーズに信号が伝わります．

アナログRF信号を伝えるための基本「特性インピーダンス」を理解する

技② 電気信号は導体周囲の絶縁体の中を進むものと考える

　電気信号が伝送線路をどのようにして伝わるかを考えます．電子は数Vの電圧で1 mm²程度の導体中を進む場合，秒速mm程度と非常に遅く進みます．直流は導体の中の電子がゆっくり進んで伝わります．RFの電気信号の場合，銅はくのプリント・パターン内の電子でなく周囲の絶縁体の中を導体に沿って電磁波として伝わります．この導体の線路を伝送線路と呼びます．線路の途中は，そのインピーダンスを一定に保つ

ことでスムーズにRFアナログ信号が進みます．

　図4にマイクロストリップ・ライン（GNDベタ上にパターンを配置した伝送線路）を断面方向から見たときの電界と磁界の空間分布を示します．電磁界計算では導体内には電磁波が入らないとして計算しています．

　図4に示すように電界と磁界はGNDベタのプリント・パターンとマイクロストリップ・ラインとの間に強く集中しています．図4に示す分布から電気信号は伝送線路周辺の絶縁体の中を進んでいることがわかります．

　このとき線路に現れる電圧と電流の比は導体の抵抗などの性質でなく，導体周囲の絶縁体の性質によって主に決まってくることが推察できます（導体が銅など抵抗が小さい場合）．

技③ マイクロストリップ・ラインの微小部分をコイルと考える

　線路と周囲の絶縁体の断面形状は特性インピーダンスに大きな影響を与えます．図5にマイクロストリップ・ラインの形状を決める各サイズと線路に現れる電圧Vと電流Iを示します．マイクロストリップ・ラインの途中の微小部分をコイルと考えるとインダクタンス（概略値）を計算できます．C成分（概略値）は図6に示すように計算できます．微小部分のコイルに流れる電流Iとその磁界H，コンデンサ電極間の電圧Vと電界Eは次のように示すことができます．

$$E = \frac{V}{D}, \quad H = \frac{I}{W} \quad\cdots\cdots\cdots (1)$$

　この電圧Vを電流Iで割ったZ_0がこの伝送線路の特性インピーダンスです．

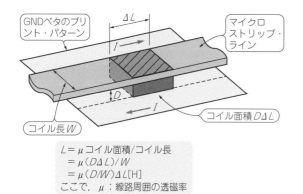

$$L = \mu\,コイル面積/コイル長$$
$$= \mu(D\Delta L)/W$$
$$= \mu(D/W)\Delta L\,[H]$$
ここで，μ：線路周囲の透磁率

図5　マイクロストリップ・ラインに電流が流れているときの特性（L成分）
マイクロストリップ・ラインの微小長さ部をコイルと考えてインダクタンスを計算する

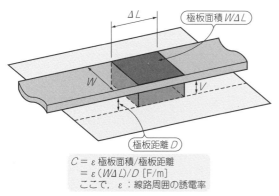

$$C = \varepsilon\,極板面積/極板距離$$
$$= \varepsilon(W\Delta L)/D\,[F/m]$$
ここで，ε：線路周囲の誘電率

図6　マイクロストリップ・ラインに電圧が加わったときの特性（C成分）

$$Z_0 = \frac{V}{I} = \frac{D}{W}\cdot\frac{E}{H} = \frac{D}{W}\cdot\sqrt{\frac{\mu}{\varepsilon}} = \sqrt{\frac{L}{C}}\ \cdots\cdots (2)$$
ここで，μ：線路周囲絶縁体の透磁率，ε：誘電率

技④　断面形状が相似形なら　　インピーダンスは同じである

　特性インピーダンスは，式(2)のとおりなので，同じFR-4の基板であれば，プリント・パターン幅と絶縁体の厚みの比によって決まります．

　表1に特性インピーダンスが50Ωとなる基板の厚みと配線幅を示します．FR-4基板の絶縁層の厚みを変更したときに特性インピーダンスが50Ωとなる，おおよその配線幅を知ることができます．

技⑤　伝送線路はCとLが連なった　　分布定数モデルとして考える

　伝送線路は通常，図7に示すように基準面と線路間の単位長さあたりのコンデンサCとインダクタンスLが連なった分布定数モデルでも表されます．

　図8でRは線路の抵抗分，Gは絶縁体の損失分です．

表1　$Z_0 = 50\,\Omega$となるプリント・パターンの幅と厚み
絶縁材はFR-4．基板厚が異なるときに50Ωとなる配線幅をまとめた

基板厚 [mm]	配線幅 [mm]
0.1	0.16
0.5	0.8
1	1.6
1.6	2.7

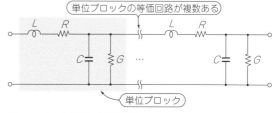

図7　$LRGC$を利用した伝送線路のモデル
単位ブロックを重ねて類似的に示している．単位ブロックを極限まで小さく分けないとLCの性質が現れる

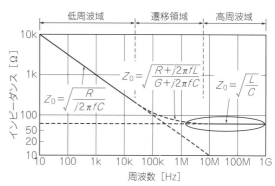

図8　プリント・パターンの特性インピーダンスは周波数で変化する
特性インピーダンスが一定なのは数M～数GHzである．数MHz以下の線路はコンデンサとして働いている

　RとGを含めた特性インピーダンスは次式で表されます．

$$Z_0 = \sqrt{\frac{R + j2\pi fL}{G + j2\pi fC}}\ \cdots\cdots\cdots\cdots\cdots\cdots (3)$$

　図7の単位ブロックは十分細かくしないと，電子回路シミュレータでは不要なリンギングが現れます．実際の伝送線路では図7のLとCが別々に存在しているのではなく，図5，図6のように同じ部分をLとCで表しています．周波数がGHzまでの導体が銅のパターンでは，通常RとGはほぼ無視して扱われます．損失が無視できる場合は$Z_0 = \sqrt{(L/C)}$です．リアクタンスぶんが無視でき伝送線路が接続された回路点では純抵抗分が接続されていると同じ応答となります．

技⑥　プリント・パターンの特性インピーダンスは周波数で変化する

　特性インピーダンスは$Z_0 = \sqrt{(L/C)}$で表されますが，式が成り立つのはある周波数範囲です．図8に特性インピーダンスの周波数特性を示します．線路の長さは

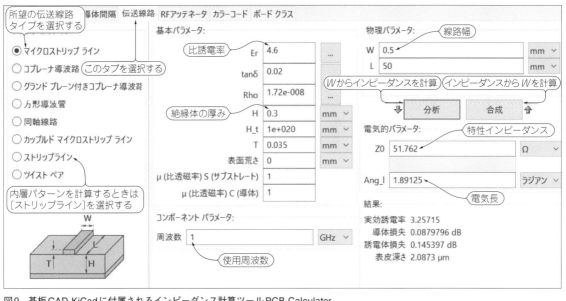

図9 基板CAD KiCadに付属されるインピーダンス計算ツールPCB Calculator
スクリーン上ではマイクロストリップ・ラインを選択している. *tan δ* は絶縁体の誘電損失, *Rho* はパターンの抵抗率である. それぞれ右横のボタンを押してリストから選択できる. 物理パラメータの線路長さ*L* は指定周波数時の電気長を計算するときに入力する. 内層パターンを計算するときはストリップ・ラインを選択する

数cm～数mです. 図8から特性インピーダンスが一定となるのは数M～数GHzの範囲となります.

技⑦ 基板CAD KiCad付属の計算ツールを利用してインピーダンスを求める

式(2)のとおりマイクロストリップ・ラインの*C*と*L*から特性インピーダンスが求められます. *C*や*L*を正確に計算することは簡単ではないため, KiCadに付属する計算ツールなどを利用して求めると便利です.

KiCadのトップ・ページ上のメニューで［ツール］-［電気計算ツール(PCB Calculator)を起動］を選択します.

図9に表面層のプリント・パターンの特性インピーダンス計算を示します. 内層のプリント・パターンの特性インピーダンスを計算をするときは, ストリップ・ラインを選択します.

線路の各種パラメータ, 電気長(角度)なども計算できます. 差動線路の計算にも対応しています.

LTspiceで信号の伝わり方をみてみる

技⑧ RF系の回路／デバイスのインピーダンスは50Ωがほとんどである

RF用デバイスは, 特性インピーダンス50Ωの伝送線路につなぐとうまく動作するように作られていることが多いです. RF関係の測定機器は50Ωのインピーダンスで作られています. 多くの同軸ケーブルやコネ

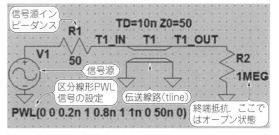

図10 伝送線路を解析するための回路(LTspice用)
伝送線路T$_1$ はtlineモデルを利用する. ここでは線路端のインピーダンスはオープンを想定している

クタは50Ωで作られています. テレビ受信関連用の75Ωケーブルは特殊といえます. デバイスのインピーダンスと伝送線路の特性インピーダンスが異なると信号が反射します.

技⑨ 伝送線路モデルを使って信号の伝わり方を回路シミュレータでみる

LTspiceのような回路シミュレータを利用すると, RF信号を伝送するためのインピーダンス整合や信号反射のふるまいを理解したり, 検証したりできます. シミュレーションは伝送線路モデルとして図7に示すような分布定数でなくtlineという線路の特性インピーダンスと線路を信号が通過する時間とで表すモデルを利用します. tlineを利用すると, 分布定数モデルで発生する不要なリンギングが発生しません. 図7に示す分布定数モデルではリンギングを減らすために線路分割を細かくする必要があり, 計算時間もかかります.

図11　LTspiceのシミュレーション・コマンドの設定

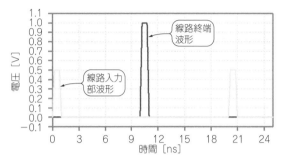

図12　終端抵抗が1MΩのときの波形（LTspiceシミュレーション）
伝送線路端をオープンにした場合，線路端での振幅は線路の入力部の2倍になる

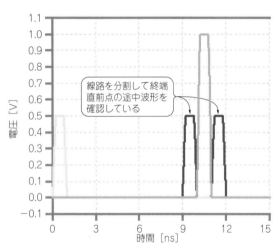

図14　図13の波形（LTspiceシミュレーション）
線路端直前でも振幅は送信部と同じである．振幅が2倍になっているのは線路端だけである

技⑩ 伝送線路端をオープンにすると電気信号は同位相で反射して戻る

　図10はLTspiceの伝送線路モデルtlineをT₁として配置しています．TDはこの線路を信号が進む時間，Z0は伝送線路の特性インピーダンスです．信号源はPWLを使って図11に示す時間と振幅のパラメータを設定しています．反射現象をわかりやすくするため単発パルス波形としています．信号源のインピーダンスとしてR1 = 50 Ωを直列に置いています．線路端は1MΩを置いてオープンの場合を想定しています．

　図12に図10の計算結果を示します．初めのパルス

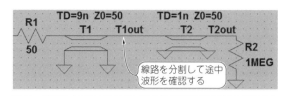

図13　線路途中での振幅を調べるため伝送線路モデルを分割する

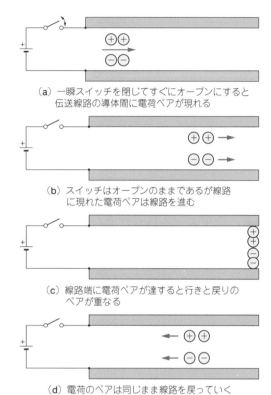

（a）一瞬スイッチを閉じてすぐにオープンにすると伝送線路の導体間に電荷ペアが現れる

（b）スイッチはオープンのままであるが線路に現れた電荷ペアは線路を進む

（c）線路端に電荷ペアが達すると行きと戻りのペアが重なる

（d）電荷のペアは同じまま線路を戻っていく

図15　線路端をオープンにしたときの電荷のふるまい
＋と－の電荷がオープン端からそのまま戻っている

は伝送線路の入力部，10 nsのパルスは線路を信号が通る時間TD = 10 nsとしましたので線路端の信号です．線路端がオープンの場合は信号の振幅が2倍になっています 20 ns後には，線路入力部に初めの振幅と同じ振幅の信号が見えています．図13は線路端直前の信号を見られるように伝送線路を分けた回路です．図14に示す計算結果で線路端直前まで元の振幅で伝送線路内を進んでいることがわかります．

　伝送線路をパルスが進むとき，図15のように信号源と線路間はスイッチが解放されており，線路をパルス信号が進んでいるときに信号源とはつながっていません．これは電気信号は波として伝わっているためです．

　図16に波がロープを伝わる場合のふるまいを示します．端は固定されていません．この状態で波が線路端まで来ると2倍の振幅になります．その後元の振幅

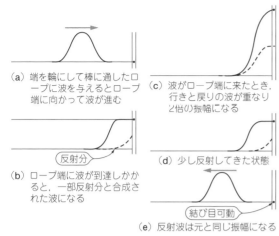

（a）端を輪にして棒に通したロープに波を与えるとロープ端に向かって波が進む

（b）ロープ端に波が到達しかかると，一部反射分と合成された波になる

（c）波がロープ端に来たとき，行きと戻りの波が重なり2倍の振幅になる

（d）少し反射してきた状態

（e）反射波は元と同じ振幅になる

図16 受信端がオープンの場合，電気信号は同位相で反射して戻る
伝送線路を進む電気信号は電磁波のためロープを進む波と類似したふるまいになる

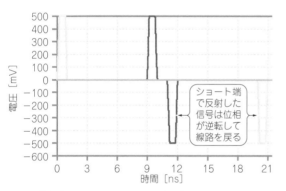

図17 線路端をショートしたときの波形（LTspiceシミュレーション）
線路端は振幅0V，戻りの波形は反転している

になって戻っていきます．線路端では行きと帰りの波が重なるため倍の振幅になっています．

技⑪ 伝送線路端をシュートすると 電気信号は位相が反転して戻る

図17に線路端をショートにしたときのシミュレーション結果を示します．10 ns経ったタイミングでは信号は消えています．しかしその直後に信号が反転して現れ，20 ns後も同じ振幅で線路の初めの点に現れています．線路端がショートされている場合に伝送線路を進む信号は線路上の各点でどのようになっているのかを見ています．

図18に線路端をショートしたときの電荷のふるまいを示します．電気信号の場合線路端がショートされているため，＋電荷と－電荷が出会っていったん信号が消えます．これは「波」のため通過して反対側の線路に現れると考えることができます．

図19に電気信号とロープを進む波を示します．先

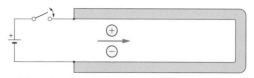
（a）スイッチを一瞬閉じた後すぐにオープンすると電荷のペアが伝送線路に現れる

（b）スイッチはオープンのままであるが電荷ペアは伝送線路を進む

（c）ショート端で一瞬電荷が打ち消されて電圧が消える

（d）線路の上と下の電荷が入れ替わって線路を戻っていく

図18 線路端をショートしたときの電荷のふるまい
＋と－の電荷がショート端で入れ違っている

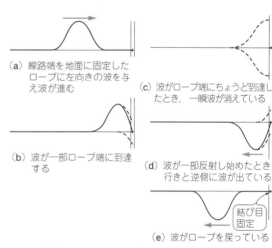

（a）線路端を地面に固定したロープに左向きの波を与え波が進む

（b）波が一部ロープ端に到達する

（c）波がロープ端にちょうど到達したとき，一瞬波が消えている

（d）波が一部反射し始めたとき，行きと逆側に波が出ている

（e）波がロープを戻っている

図19 先端がショートの伝送線路の場合，電気信号はショート端で位相が反転して戻っている

端を固定したロープで見ると左に振った波は線路端ではいったん消えますが反対方向に振れて戻ってきます．

技⑫ 伝送線路端を50Ωにして インピーダンス整合をとる

特性インピーダンスが50Ωの伝送線路の端に50Ωをつけ，シミュレーションした結果を**図20**に示します．

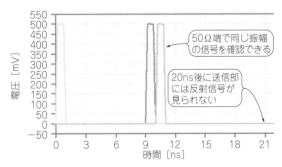

図20　線路の特性インピーダンス50Ωで終端したときの波形
（LTspiceシミュレーション）
線路端で反射して線路を戻る信号がなく，終端抵抗で信号が吸収されている

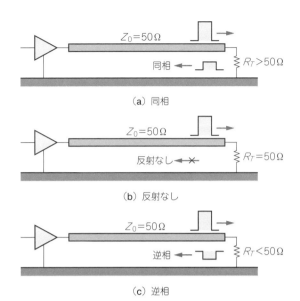

（a）同相

（b）反射なし

（c）逆相

図21　線路端に抵抗があるときの反射
特性インピーダンスZ_0とR_Tの関係で反射が変わる．終端部の抵抗が特性インピーダンスより大きい場合，同相，小さい場合逆相で線路を戻る

　線路端でも振幅が変わることなく，反射が現れていないことがわかります．これは線路端の50Ωに信号エネルギーがすべて吸収されて熱に変換されたためです．

技⑬ 線路端に抵抗があると特性インピーダンスと抵抗の関係で反射が変わる

　図21は線路端に任意の抵抗をつけたときの反射のようすをまとめています．特性インピーダンス（＝50Ω）より大きい場合は同位相で信号が戻ります．オープンの場合より振幅は小さくなります．50Ωより小さい場合は反転位相で元より小さい振幅で戻ります．終端が複素インピーダンスのときは，位相が0°と180°以外の値になります．

　　　　＊　　　　　　＊　　　　　　＊

　RF/高速信号を扱う基板のパターンを設計するときは，伝送線路の特性インピーダンスや信号反射についての理解が重要です．
　RF基板設計の基本ポイントは次のとおりです．

技⑭ 送信側/受信側のインピーダンスと特性インピーダンスの整合を考える

　特性インピーダンスは配線幅や厚さ，材料にも依存するので基板製造会社選びやインピーダンス・コントロールなどについて慎重に検討します．

技⑮ 基準動作電位となるGNDを安定させるためにベタ・パターンを作る

　GNDをプリント・パターンでつなぐと不要なインダクタ成分がつき回路動作が不安定になります．ベタ層を多層に作る場合は細かいピッチで置いたビアで層間をつなぎます．

技⑯ 部品パッド・サイズを考える

　大きすぎると不要な容量が追加されます．例えば，

$1\,mm^2$の面積，基板厚0.3 mm，材料FR-4のとき，容量は約0.13 pFです．GHzを超える回路の場合，パッド・サイズも回路動作に大きく影響します．
　扱う周波数や基板の絶縁材（比誘電率），厚みによって異なります．基本として伝送線路の途中に使う場合はコンデンサのパッド幅と配線幅を同じくらいにすると，パッドによる反射を低く抑えることができます．

技⑰ デバイスのGNDとベタ・パターン間のインダクタンス成分を下げる

　RFアンプが発振を起こすとデバイスが破損するなどの問題が起きる可能性があります．

技⑱ 信号ラインとベタGND間にチップ・コンデンサを最短で接続する

　RFアンプは入出力間のアイソレーションが不足すると発振します．信号ラインとGNDベタのプリント・パターン間に周波数特性の良いチップ・コンデンサをできるだけ短い配線長にして接続します．とくに回路で扱っている周波数帯域の成分が減衰するよう設計します．細いパターンでつなぐと不要インダクタンスが増加するため，できるだけ短く太いプリント・パターンにすることも基板設計の基本です．

◆参考文献◆
(1) トランジスタ技術SPECIAL編集部 編；Gビット時代の高速データ伝送技術，トランジスタ技術SPECIAL No.128，CQ出版社．

第4部

高速ディジタル基板の設計テクニック

第20章

高速ディジタル基板設計の基本

加東 宗 Takashi Kato

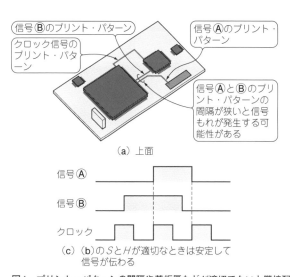

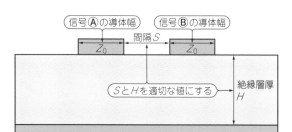

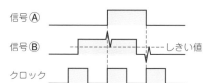

（a）上面

（b）信号Ⓐとⓑ部分のプリント・パターンの断面

（c）（b）のSとHが適切なときは安定して信号が伝わる

（d）（b）のSとHが適切でないと信号ⒷはⒶの影響を受けて誤動作が発生する可能性がある

図1　プリント・パターンの間隔や基板厚などが適切でないと隣接配線の信号漏れの影響を受けたり，与えたりする
隣接するプリント・パターンの間隔などをおろそかにすると，余計な信号漏れ（クロストーク）悪化の原因となる．オーディオでは左右の信号が互いのチャネルに漏れたり，高解像ディスプレイ用の高速基板では伝送エラーなどの誤動作が発生する可能性がある．隣接配線の信号のタイミングも慎重に検討する．本章では余計な信号漏れを防ぐ基板の層構成や線路間隔の指針を求める

　家，マンション，アパートなどの部屋の中にいると，壁や窓越しに周辺の音が聞こえてくることがあります．部屋の壁などの遮音性能は，透過損失で表されます．日常会話の音の大きさは40〜50 dB，ギターなどの楽器の音は80〜100 dBです．透過損失が40 dBの場合，隣の人が楽器を弾くと，部屋の中にいても日常会話並みの音が漏れてきます．

　これと同じ現象がプリント基板でも発生します．

　プリント・パターンに電圧が加わり，電流が流れると周辺に電界や磁界が発生します．ICどうしでデータのやり取りを行うとき，隣り合うプリント・パターン間の距離が近いと，空中に飛びだした電界や磁界によって，隣接配線の信号が結合します．この現象をクロストークと呼びます．隣接配線をおろそかにすると，オーディオでは左右の信号が互いの

チャネルに漏れることがあります．クロストークを電圧振幅の10 %（20 dB）以下にすると，これらの不具合を抑えることができます

　本章では，余計な信号の漏れを防ぐプリント基板の作り方を解説します．

　基板を製作する前に適切な配線間隔や層構成の目安がわかります．今後，ポータブルな高性能プリント基板を作るためにも余計な信号漏れを防ぐテクニックが欠かせません．

基板のクロストークは配線の間隔/層構成/GNDの配置方法で抑え込む

● 高速な信号ほどクロストークが起こりやすい

　ディジタル信号が変位/偏移する（"H"/"L"が入れ替わる）瞬間はある傾きを持ったアナログに近い波形

寄生成分

グラウンド

アナログ回路

高速ディジタル

電源回路

図2 伝送する信号のタイミングを慎重に検討すべき基板レイアウト例
…ソフトウェア無線基板上の50 MspsのA-DコンバータとFPGA間のパラレル・データ・ライン
層間厚0.2 mm,表層でパターン幅=パターン間隔=0.25 mmなのでクロストークは大きめになるが,すべてに同期が取れているバス・ラインなので問題にはならない.隣接するLEDのラインはタイミングの異なる信号を流すとクロストークの影響が現れる.このLEDには高速信号を通してはならない

であるため,ノイズの影響を受けやすくしきい値付近で値が大きく変動し,思わぬ誤動作やジッタが発生します.特にクロックなどの周波数や位相などの安定度が重視される基準信号では,ノイズによるタイミングのわずかな変動も問題になります.

技① 差動線路や同軸線路などクロストークやノイズに強い配線を使用する

　流行りのラズベリー・パイやArduinoなどで拡張シールド基板を延長フラット・ケーブルで動かそうとすると誤動作が頻発するという経験をした人もいると思います.不用意に配線を高密度のまま伸ばすとジッタでは済まなくなって,クロストークによるデータの破壊でエラーを起こすこともあります.

　高速の信号を数十cmほど遠くに伝えようとするとフラット・ケーブルでは厳しいです.こういった場合は差動線路や同軸線路などクロストークやノイズに強い配線を使用します.

技② クロストークはGNDの配置方法や配線間隔,層構成などで対処する

● クロストークの小さいプリント基板を作るには

　図2に示す基板レイアウトではクロストークが発生するので伝送する信号のタイミングを慎重に検討します.LEDのラインにはバス・ラインの信号と異なるタイミングの高速信号を通さないようにします.

　図3に示す基板レイアウトではクロストーク対策を施しています.50 M～2 GHzのフロント・エンド部分のRF信号は狭い範囲にコンパクトに集めています.層間厚0.2 mmの内層はGNDベタのプリント・パターンで覆われており,電界は表面の狭い範囲に閉じ込められる構成になっています.

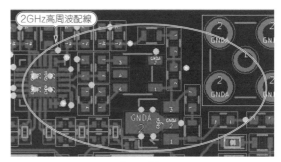

図3 クロストーク対策を施した基板レイアウト例…ソフトウェア無線基板の50 M～2 GHzのフロント・エンド部分のRF信号は狭い範囲にコンパクトに集める
層間厚0.2 mmの内層はベタGNDのプリント・パターンでしっかり覆われており電界は表面の狭い範囲に閉じ込められる構成になっている

クロストーク発生のメカニズム

● 隣接パターンは空中の磁界または電界でつながる

　クロストークの原因となるのは,線路間の相互インダクタンス(誘導性)と相互キャパシタンス(容量性)です.この2つはまったく異なった動きをします.

　図4(a)にクロストークのメカニズムを示します.相互インダクタンスは磁界による結合で線路Aに流れる電流の変化ΔIによって線路Bに電圧Vが発生します.図4(b)の相互キャパシタンスは電界による結合で線路Aの電圧変化ΔVによって線路Bに電流Iが流れます.線路Bに発生した電圧と電流は線路Bのインピーダンスによって最終的な電圧と電流が決まり,発生する電流の方向によって加算されたり打ち消し合ったりします.

　図4(a)と(b)の線路Bに発生する電流は,遠端側に注目すると磁界と電界でそれぞれ方向が逆になるため打ち消される傾向になりますが,近端側は強め合う傾

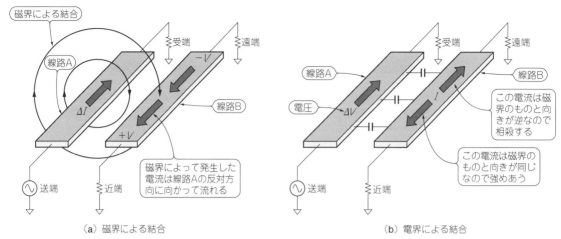

（a）磁界による結合

（b）電界による結合

図4　クロストーク発生のメカニズム
線路Bに発生する電流は，遠端側では磁界と電界でそれぞれ方向が逆になるため打ち消される傾向になる．反対に近端側は強め合う傾向になる

向になります．

　図5は細い線路が近接する場合で，線路の表面積が小さいため容量はあまり付きませんが相互インダクタンスは強く働いています．これは主に多ピン・コネクタなどが該当します．

　図6は線路が直交する場合で，磁界結合は起こりませんが容量は微小ながら付くためクロストークはわずかに発生します．これがどの程度になるか後述します．

● **平行する配線に流れる電流の向きによってクロストークのふるまいが異なる**

　ディジタル信号などのパルス波の場合，正弦波の場合よりも複雑なふるまいをします．

▶**遠端側**

　図7(a)はある程度の長さがあるパルスが信号源から線路Aに出力されたようすを示しています．クロストークを受ける線路Bの遠端側に注目すると，線路Aのパルス波を微分した波形が線路Bに発生します．進行方向が同じため線路の長さ分だけすべて重なり大きなピーク波形となります．遠端側は誘導性と容量性の極性が逆になるため，打ち消す傾向にあると前述しました．線路インピーダンスや終端の不整合などがあると，誘導性と容量性の位相がずれるため打ち消されずに大きなパルス波形が残ります．

▶**近端側**

　図7(b)は近端側に注目しています．線路Aのパルス波を微分した波形が線路Bに発生します．進行方向が逆になるためパルスが重なることはなく，線路の長さぶんすべてずれて加算されます．最終的に近端では振幅の小さな幅の広いパルスとなります．このパルスの幅は線路の電気長の2倍です．

　ディジタル伝送のクロストークはインピーダンスの

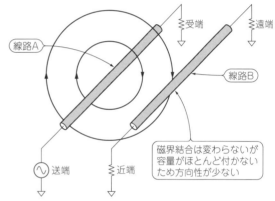

図5　電界結合が少ない例
細い線路では表面積が小さいため容量は付かない

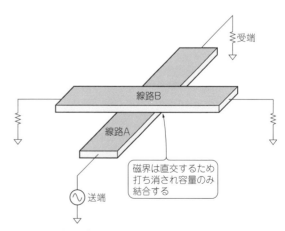

図6　磁界結合が少ない例
磁界結合は起こらないが，容量は少し付くためクロストークがわずかに発生する

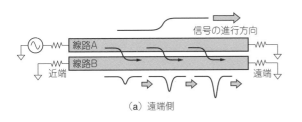

(a) 遠端側

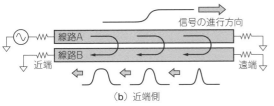

(b) 近端側

図7 ある程度の長さがあるパルスが信号源から線路Aに出力されたところ
(a)は同じ方向に電流が流れるためピークが重なってスパイク状のパルスになる. 振幅は大きくなるがパルスの幅は狭い. (b)は逆方向に電流が流れるため重ならずにずれて幅の広いパルスになる

不整合まで考慮する場合, 多重反射の影響も含めて極めて複雑なふるまいをします. 今回は見通しをよくするため不整合による問題はあえて省略し, クロストークをあるレベル以下に抑えるためのレイアウト上の指針を単純化してみます.

最適な配線間隔の目安

技③ 差動線路の奇モードと偶モード・インピーダンスを考える

まずは直感的な説明をします. これは結合を積極的に応用した差動線路を理解するためにも有効です.

図8(a)は差動線路による奇モード結合のようすを示しています. 奇モードとはこのように線路間の位相が反転するなどして電界の分布が非対称な状態を表します. 差動線路の場合は線路間の中間が0V電位にな

るため仮想的なGND面になります. 容量が大きく付いて, インピーダンスが下がると考えると奇モードのイメージがしやすいと思います.

図8(b)の偶モードでは電界の分布が対称になるため, 線路間は電気力線が存在せず開放面があるのと等価になり, 容量が下がるためインピーダンスが上がります.

2つの線路間の偶モードと奇モードのインピーダンス差が大きいほど結合の強い線路ということになり, クロストークの大きい線路です.

このように奇モードでインピーダンスが単独で存在するときよりも下がったものを奇モード・インピーダンス, 偶モードでインピーダンスが単独で存在するときよりも上がったものは偶モード・インピーダンスと呼びます.

技④ 差動線路に置き換えてクロストークを近似式で求める

差動線路は広く使われているため単独のストリップライン, マイクロストリップ・ラインを差動線路に置き換えるための近似式が知られています.

前述した図1(b), 図9に示したとおり, 単独の特性インピーダンスをZ_0, 差動線路間のスリット幅をS, 誘電体厚をHとして差動線路インピーダンスを求めます.

図9に示すストリップ・ラインは次式で求まります.

$$K_S = 1 - 0.347e^{(-2.9 \times S/H)} \quad\cdots\cdots\cdots\cdots\cdots (1)$$
$$Z_{diff} = 2Z_0 K_S \quad\cdots\cdots\cdots\cdots\cdots\cdots\cdots\cdots (2)$$

図1(b)に示すマイクロストリップ・ラインは次式で求まります.

$$K_M = 1 - 0.48e^{(-0.96 \times S/H)} \quad\cdots\cdots\cdots\cdots (3)$$
$$Z_{diff} = 2Z_0 K_M \quad\cdots\cdots\cdots\cdots\cdots\cdots\cdots\cdots (4)$$

$S = 1$ mm, $H = 1$ mm, $Z_0 = 50\,\Omega$として計算するとストリップ・ラインのZ_{diff}は98.1Ω, マイクロストリップ・ラインのZ_{diff}は81.6Ωです. K_S, K_Mが小さいほ

図8 2つの線路間のインピーダンス差が大きいほど結合が強い線路であり, クロストークも大きくなる
(a)の差動線路間の中間面は0Vであるため仮想的なGNDと同じである. 単独のときより容量が大きく付くためインピーダンスは下がる. (b)の同相線路同士では電気力線の行き先が減るため容量が下がる. これは単独のときよりインピーダンスが上がってみえる

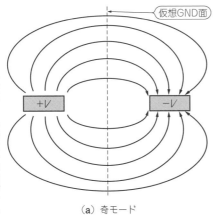

(a) 奇モード

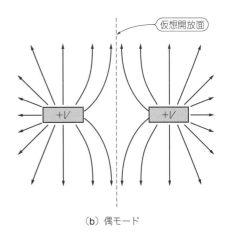

(b) 偶モード

ど線路間の結合が強くクロストークの大きい線路です.

Z_{diff}は前述した奇モード・インピーダンスの2倍になります. まったく結合がない線路どうしだと100Ωになるので, マイクロストリップ・ラインのほうが圧倒的に線路間結合が強いことがわかります.

偶モード・インピーダンスをZ_{0e}, 奇モード・インピーダンスをZ_{0o}とすると, 特性インピーダンスZ_0との関係は次のとおりです.

$$Z_0 = \sqrt{Z_{0o}Z_{0e}} \cdots (5)$$

式(2), 式(4)〜(5)をまとめると, ストリップ・ラインの奇モードと偶モードのインピーダンスは次式で求まります.

$$Z_{0o} = Z_0 K_S \cdots (6)$$
$$Z_{0e} = \frac{Z_0}{K_S} \cdots (7)$$

マイクロストリップ・ラインの奇モードと偶モードのインピーダンスは次式で求まります.

$$Z_{0o} = Z_0 K_M \cdots (8)$$
$$Z_{0e} = \frac{Z_0}{K_M} \cdots (9)$$

偶モード・インピーダンスZ_{0e}と奇モード・インピーダンスZ_{0o}が求まると線路間のクロストークの大きさを見積もることができます.

クロストーク係数ξは次のとおりです.

$$\xi = \frac{Z_{0o} - Z_{0e}}{Z_{0o} + Z_{0e}}$$

計算をシンプルにするため, すべての信号源と負荷インピーダンスを50Ω, すべての特性インピーダンスも50Ωとします.

クロストークのない受端での振幅に対するクロストークぶんの振幅X［dB］は次のように計算します.

$$X = 20\log(0.5 \times \xi) \cdots (10)$$

● 線路間隔とクロストークの関係を調べる

伝送線路の特性インピーダンスと各部の整合は取れていると仮定して, クロストークを5%以下にするには線路間隔もどのくらい近づけても大丈夫なのかを確認します. バス配線の間隔が決まれば, 実装可能な層数と基板面積が求められ, 決められた基板面積と層数から予想されるクロストーク(ジッタやS/N)が求められます. 大体の値でも指針が求められます.

技⑤ ストリップ・ラインは層間厚に対して線路間隔が半分以下でよい

図10(a)は式(1)〜(10)を用いて, ストリップ・ラインの層間厚と線路間隔の比からクロストークを計算した結果です. クロストークを5%(−26dB)以下に抑えるためには$S/H > 0.4$にすればよいことがわかります. これは絶縁層厚0.5mm(=0.1mm + 0.4mm)の場合,線路間隔を0.2mm以上離せばよいことになります.

技⑥ マイクロストリップ・ラインは層間厚に対して線路間隔を2倍離す

前述した図1(b)はマイクロストリップ・ラインの場合です. クロストークを5%以下に抑えるためには$S/H > 1.7$にする必要があります. これは絶縁層厚0.5mmの場合, 線路間隔が0.85mmにもなり配線密度を上げられず, クロストークには不利です.

実機による検証実験

● 製作したストリップ・ラインでは計算結果と実測はほぼ一致

クロストークを気にする伝送線路は, 内層のストリ

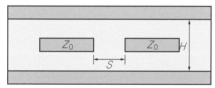

図9 差動線路の断面図…ストリップ・ライン
K_Sが小さいほど線路間の結合が強くクロストークの大きい線路となる

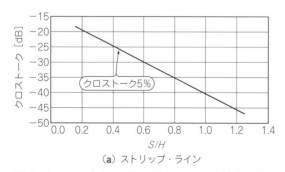

（a）ストリップ・ライン

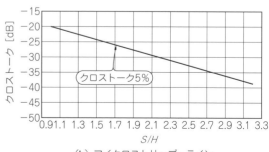

（b）マイクロストリップ・ライン

図10 クロストークを5%以下にするには線路間隔をどのくらいまで近づけて大丈夫なのか確認した
(a)では$S/H > 0.4$にする. これは層間厚に対して線路間隔を半分以下にまで近づけてもよいことになる. (b)では$S/H > 1.7$にする. これは絶縁層厚にたいして線路間隔を2倍近く離す必要がある

ップ・ラインの場合が多いため，ストリップ・ラインでクロストーク実験基板を製作しました（**図11**）．

図11の真ん中の線路を信号発生器で駆動して受端は50Ωで終端，両サイドの2本はそれぞれ遠端を50Ω終端，近端をスペクトラム・アナライザで測定しました．測定周波数範囲は10M〜1GHzです．

図12は狭いほうの線路間隔$S_1 = 0.123$ mmの結果です．線路幅と線路間隔をほぼ等間隔で並べたイメージになります．**図10**の計算結果からこの条件では−20.8 dBとなりますが，**図12**の実測結果の最大値は−19 dBとかなり近い値を示しています．

図13は広いほうの線路間隔$S_2 = 0.323$ mmの結果です．線路幅に対して線路間隔をほぼ3倍に並べたイメージになります．**図10**の計算結果からこの条件では−31.4 dBとなりますが，**図13**の実測結果の最大値は−27 dBとおおよそ近い値を示しています．

図12〜**図13**はどちらも周波数がある程度上がってもクロストークが飽和しているようすがわかります．これは言い換えるとカップリング長が長くなってもあるところでクロストークが飽和することを表しています．

低い周波数でクロストークが小さくなることについては後述します．

技⑦ カップリングする線路長を短くするほどクロストークが減る

伝送線路上での信号の往復時間よりも波形の遷移時間が短いとカップリング長に比例してクロストークが変化します．

これは言い換えると，ある長さ以上カップリングするとそれ以上はクロストークする線路長が長くなっても，クロストークはあまり増えないことになります．

23 mmのストリップ・ラインの場合，FR-4の比誘電率は実測で4程度になり，電気長は次式で求まります．

$$\frac{\sqrt{4 \times 0.023}}{299.8 \times 10^{-6}} \fallingdotseq 153 \text{ ps}$$

往復では307 psになり，遷移時間がこれより速いとクロストークは飽和すると言い換えることもできます．遷移時間T_r（0〜100 %）から周波数fを求めます．

$$f = \frac{0.35}{T_r} = \frac{0.35}{307 \text{ ps}} = 1141 \text{ MHz}$$

FR-4で23 mmのストリップ・ラインは，1.1 GHz以下ならカップリングする線路長を短くするほどクロストークを減らせます．

この結果は実測した**図12**〜**図13**の結果ともよく合っています．これらは正弦波での結果なので1 GHzあたりからゆるやかにDCにかけて減衰していきます．

● 交差線路

図14はGND層2枚に挟まれたストリップ線路が直

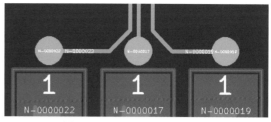

（a）基板CAD KiCad上のレイアウト

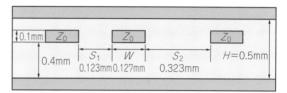

（b）断面図

図11 製作したクロストーク検証実験用のストリップ・ライン
基材はFR-4，線路幅Wは0.127 mm，層間厚Hは0.5 mm，狭いほうの線路間隔S_1は0.123 mm，広いほうの線路間隔S_2は0.323 mm，結合長Lは23 mm．中央が駆動線路，両サイドが受動線路，それぞれ遠端を終端し近端をスペアナで測定する

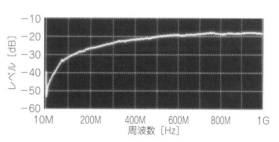

図12 図11の狭い線路間隔S_1の実測結果…計算値は−20.8 dBなので，実測は−19 dBとかなり近い値が得られた
最大値に着目する．$W = 0.127$ mm，$S = 0.123$ mm，$H = 0.5$ mm，$S/H = 0.246$

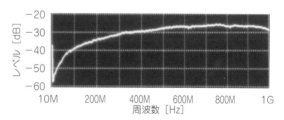

図13 図11の広い線路間隔S_2の実測結果…計算値は−31.4 dBなので，実測は−27 dBとおよそ近い値が得られた
$W = 0.127$ mm，$S = 0.323$ mm，$H = 0.5$ mm，$S/H = 0646$

交に交差する場合の実験基板です．

高密度の基板を設計すると，このような交差を避けることができませんが，これでどの程度のクロストークが発生するか調べます．直交に交差させると磁界結合の影響がなくなるため容量だけを計算すれば解けますが，電極間距離と面積の比が小さい**図14**のような例では計算が難しくなります．

技⑧ 直交交差したストリップ線路のクロストークは無視できる

図15は実測結果で1GHz以下では−50dB以下となります．これはクロストークで0.3％以下であるため，多くの場合，無視できる値です．この実験では線路間の層間厚は0.4mmなので，例えば0.1mmの層間厚ではこれより大きなクロストークになります．

● スルーホール

図16はスルーホール（ビア）どうしのクロストークを実測するための実験基板です．

これも同じように高密度の基板を設計すると，このようなビア近接を避けることができません．図16でどの程度のクロストークが発生するかを確認します．

---

column ▶ 01　クロストークを減らすと伝送データ品質が劇的UPする原理

加東 宗

● 伝送品質を悪化させる2種類のジッタ

ディジタル伝送がどの程度確実に行われているかを表す指標としてアイ開口率というものがあります．図A(a)に示すように，"H"/"L"の変位/偏移を一定時間重ねたものです．伝送路に問題があったり，ノイズなどの影響があったりすると中央の開口部分が狭くなってきます．このアイが潰れてしまうと通信できない状態で，アイが細いとエラーが多い状態になります．

アイ開口を狭くする要因には，D_JとR_Jがあります．D_Jとは伝送路のロスや反射，デバイスの速度などに由来する現象により，常に決まった大きさのジッタが発生することを表します．D_Jの特徴は長時間観測してもアイ開口に変化が起こらないことです．R_Jは熱雑音などに由来する確率的に発生するジッターで，長時間観測するほどアイ開口は小さくなっていきます．

● 伝送品質の管理方法

伝送品質を表すにはアイ開口率70％といういい方をしますが，R_Jが含まれるので確率的な表現が必要です．そこでBERという指標が登場します．BERはどの程度の長さのデータに対して1回のエラーが発生するかという確率を表しています．BER＝$1×10^{-9}$の場合はデータ数百万ビットに対して1回のエラーが発生します．

BERはアイ開口から求めることができます．図A(b)は，D_JとR_Jが加算されて中央にアイ開口が残る図になっています．R_Jはほぼ正規分布になるためまずはR_Jを実測してσ（シグマ）を求めます．

D_Jは変化しないのでR_Jのσがわかればアイ開口が何σでゼロになるか予想できます．図の例ではR_Jが3σで交差しているのでBERは3σ＝99.7％より0.3％です．これは伝送路としてはエラー率が大きすぎて問題です．

● クロストークが重要なわけ

図A(b)の例ではD_Jがアイ開口全体の40％を食いつぶしています．こういった場合はD_Jを抑えます．

D_Jは伝送路が長くてロスが大きかったり，伝送路と終端との整合が悪くて反射を起こしたりしている場合に発生しますが，ほかに近接線路の影響によるクロストークも無視できません．クロストークによる影響が20％として，これを10％に改善するとD_Jは合計30％に下がります．R_Jのクロスポイントは4σなのでBER＝0.006％となり大幅な改善になります．

このように，アイをつぶす要因がある中でクロストークだけでも抑えてD_Jが数％でも改善できればBERに置き換えると大きな効果になります．

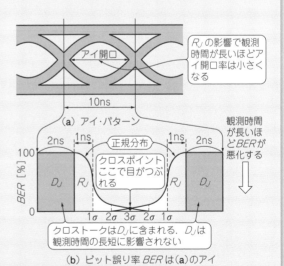

図A　クロストークを抑えると伝送データのビット誤り率が改善する
R_Jのσ＝1nsの場合，D_J＝2ns時，R_J＝3σでアイがなくなるのでBER＝99.7%（3σ）．D_Jが10%悪化すると，D_J＝3nsとなり，R_J＝2σでアイがなくなるのでBER＝95%（2σ）に悪化する

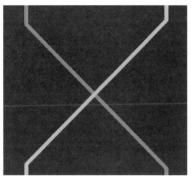

（a）KiCad上のレイアウト

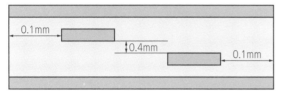

（b）断面図

図14　GND層2枚に挟まれたストリップ線路どうしが直交交差する想定の実験
直角に交差する．$W=0.127$ mm，$H=0.6$ mm，線路間の層間距離は 0.4 mm

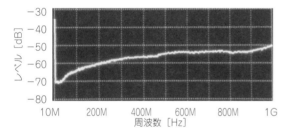

図15　図14は容量性結合のみなのでクロストークは無視できるほどに小さい（実測）
1 GHz以下では−50 dB以下である

技⑨ ビア間の距離が小さくなるほどクロストークは悪化する

　安価な基板でよく使われるドリル径0.5 mmで，中心の距離で1.2 mm，銅はくの間隔で0.7 mm，結合するビアの長さ0.8 mmを想定しています．

　図17は実測結果で1 GHz以下では−40 dB以下になります．これはクロストークで1 %以下であるため，多くの場合，無視できる値です．

　ビアの長さが長く，ドリル径が大きく，ビア間の距離が小さくなるほどクロストークは悪化します．

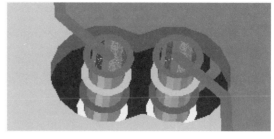

（a）KiCadの3D表示

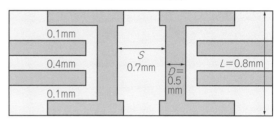

（b）断面図

図16　スルーホール（ビア）どうしのクロストークを実測するための実験基板
表層のマイクロ・ストリップラインでクロストークが起こりにくいパターン配置とし，層厚も0.1 mmと薄くしている．$W=0.127$ mm，$D=0.5$ mm，$S=0.7$ mm，$L=0.8$ mm

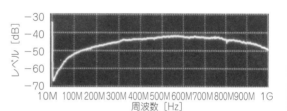

図17　誘導性＋容量性のため直交線路よりはクロストークが大きくなる（実測）
−40 dBは確保されるため，ほぼ無視できる水準である

　　　　＊　　　　　＊　　　　　＊
　バス・ラインを表層に置くか，内層にするか，線路間隔をどの程度にするとクロストークが何パーセントに抑えられるかの指針を示しました．安定動作する基板にするにはクロストーク量を10 %以下にはしたいものです．この指針を使って基板製作の初期段階に層構成や基板寸法の方針を決められると思います．

◆参考文献◆
(1) 碓井 有三：ボード設計者のための分布乗数回路のすべて，
　　http://home.wondernet.ne.jp/~usuiy/book/book.htm

第21章

超高速10 GHz 級伝送のキモ…ビア設計テクニック

高橋 成正 Narimasa Takahashi

本章では，10 GHz以上の信号をスムーズに伝送できる最適なビアの配置方法について紹介します．

プリント基板で表面実装品や100ピン以上のICなどを使うときは，同一層で配線することが難しいため，配線層が2枚の両面基板や4層以上の多層基板を使います．基板の表と裏の配線をつないだり，多層基板の各層をつなぐために開けた穴があります．この穴は，プリント基板の裏や別の層を経由してつ

なぐという意味でビア(via)と呼ばれます．図1に示した3Dモデルでは，ビアを経由して信号がL1層からL3層に伝わります．

図2に高速信号用の同軸コネクタ(SMA)周りのビアの断面例を示します．図2(a)と図2(b)は同じ基板ですが，SMAコネクタの実装面を変えるだけで，信号の伝わり方が異なります．

図2(a)のように，基板の裏面にSMAコネクタを実装したときは厚み1.6 mmのスタブ(分岐パターン)の影響を受けるため，反射共振が発生し信号が伝わりません．

図2(b)のように，基板の表面にSMAコネクタを実装したときは，SMAコネクタ間の信号経路が一筆書きとなるため，信号がしっかり伝わります．

10 GHz以上の信号をスムーズに伝送するためには，このような厚み1.6 mmのビア・スタブの影響も無視できません．

今回は，評価基板を製作し，電源や信号のビアが伝送特性への及ぼす影響を実測とシミュレーションをもとに解説します．

最新のFPGA/CPUでは，1 V以下，数十 A以上の低電圧 / 大電流化が進み，12 Gbpsの4 K映像の伝送技術も実用化されています．USB，HDMI，

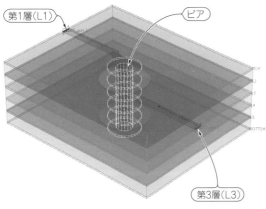

図1 ある層から別の層に信号をブリッジする導電性のトンネル「ビア」が高速信号の流れを邪魔する(6層基板の3Dモデル例)
ビアは基板の表と裏をつないだり，多層基板の各層をつなぐために利用される

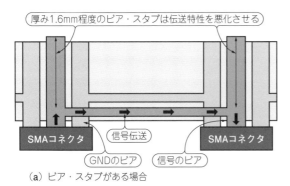

（a）ビア・スタブがある場合

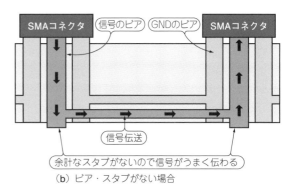

（b）ビア・スタブがない場合

図2 高速信号用の同軸コネクタ(SMA)周りのビアの断面例…ビアもプリント・パターンの一部だ!
(a)はスタブによる反射などの影響でロスが発生し信号が伝わらない．(b)はビアの伝送経路が一筆書き配線となっているため，信号がスムーズに伝わる

JESD204などの高速ディジタル基板における信号伝送に成功するには，プリント・パターンだけでなく，ビアもパターンの一部と考えることが重要です．ビアをケアすることが良好な伝送特性や高性能化のカギを握っています．

高速信号もスイスイ流れるビア配置

● 高速ディジタル/RF基板の電源/信号品質を安定化するためのポイント

多層プリント基板で1GHz超の高速信号伝送を行う場合，配線密度が高まるにつれてビアがたくさん使われます．ビアの配置が適切でないと，内層プレーンとの寄生キャパシタンス・リターン経路によるインダクタンス，オープン・スタブなどの影響により，インピーダンス不連続点となり，反射や定在波が発生します．

これらを抑制するため，ビアのキャパシタンス，インダクタンスを定量的に算出しインピーダンス制御する手法が必要です．

USB，HDMI，DDR3メモリ，PCI-Express，RF回路などの信号と電源品質を安定化するためのポイントは次のとおりです．

(1) 各層での配線の特性インピーダンスは同じにする
(2) 1GHz以上の高速信号が伝わるビアは次を考慮する
- ビアのスタブを最小にする
- ビアのクリアランスを十分にとる
- 信号ビアの隣にリターンとなるGNDビアを配置する

技① 信号配線のリターン・パスを確保する

図3は，図1のビア周辺を上から見たところです．

バス・ラインなど複数の信号でビアを経由するとき，配線スペースを最小にするためビアのピッチも狭くします．その際にビアのクリアランスと配置方法に配慮する必要があります．図4と図5に信号配線のビア配置を示します．

▶悪い例

図4に示したビアでは，クリアランスがスリットになり，信号のリターン経路がスリットの周囲を流れます．このため，放射ノイズが増大します．

ほかの層でビア間に信号を配線することもできません．

▶良い例

図5に示したとおり，リターン・パスを確保したビア配置に変更することで，前述した問題点を解決でき

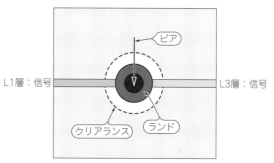

図3　図1のビア周辺の表面
ランドはビアと配線との接続を確実にする．これは全層につくためスタブの一部になる．クリアランスは異種の配線が接続しないためのボイド

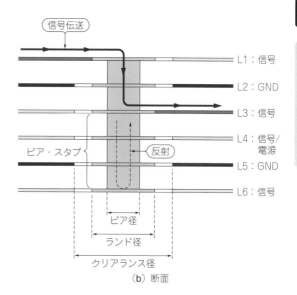

（a）上面

（b）断面

図4　信号配線のビア配置の悪い例
クリアランスがスリットになるので，信号のリターン・パス電流がスリットの周囲を流れノイズの発生源になる

ます．スペースに余裕があれば，ビアのピッチを広くとり，ほかの層でもビア間に信号が通せるようにします．ビア配置の向きを変えるだけで，ノイズの出方が大きく変わります．

技② 電源/GNDのビアは交互に配置する

図6と図7に数百ピン以上の半導体のBGAパット周りの電源/GNDのビア配置を示します．電源供給回路網（PDN：Power Distribution Network）を安定させるため，他層のプレーンとの接続を慎重に検討します．

▶悪い例

図6に示したとおり，電源/GNDのそれぞれのビアをまとめて配置する場合，ビアに流れる電流の向きが同じになり，磁束が打ち消されません．ビアのインダクタンスが最小にならないため，ノイズが増加します．

▶良い例

図7に示したとおり，電源/GNDを交互に配置するこ

とで磁束が打ち消されます．ビアのループ・インダクタンスを最小にできるため，電源ノイズが低減します．

● 配置するビアの数の目安

技③ 信号配線のビア数の上限は半導体（部品）接続数＋1個以内が目安

信号配線に使用するビアの数は少ないほうがよいです．ビアが多くなると，電源とGND間のプレーン共振エネルギを増大させ，リターン・パスの確保が難しくなります．

技④ 電源/GNDでは1AあたりΦ0.5mmのビアを2個配置する

電源の可能な限りビアの数は多い方がよいです．やみくもにビアを増やしてもよいわけではありません．ビアとプレーンの位置関係で特定のビアに電流が集中

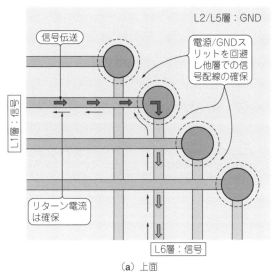

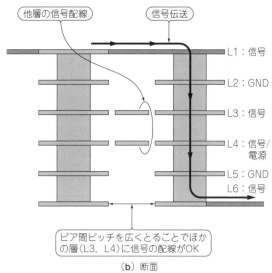

図5　信号配線のビア配置の良い例…リターン・パスを確保することがポイント
電源/GNDのスリットの回避しているので，ノイズを抑えることができる．信号も安定して伝わる

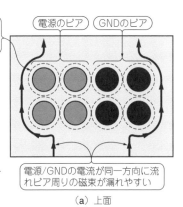

図6　電源/GND配線のビア配置の悪い例
電源/GNDの電流が同一方向に流れると磁束が大きくなり，ビア周りの磁束が漏れやすい．ビアのインダクタンス成分も増加するためノイズになる．ビアのクリアランスもスリットになり，ほかの層での信号配線もできない

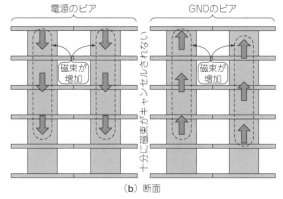

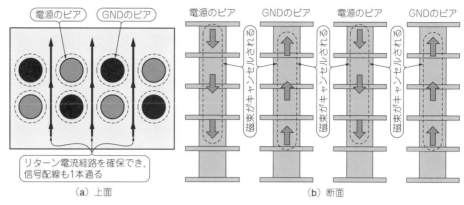

図7 電源/GND配線のビア配置の良い例…交互に配置することがポイント
電源/GND配線のビアを交互にすると電流の向きが逆になり，磁束が漏れにくい．ビアのインダクタンス成分も最小になるため電源/GNDのノイズが低減する．電源/GND以外の配線もできるようになる

（a）上面　　　　（b）断面

し，1個のビアに流すことができる電流の上限値を超えてしまうリスクもあります．クリティカルな場合は市販の電磁界シミュレータを使って検証することをお勧めします．

実験① 電源/GNDのプリント・パターンのビア

● 評価用基板

写真1に電源インピーダンス測定用の評価基板，図8にその基板レイアウトを示します．IC直下のBGAパッドには多種の電源とGNDがアサインされています．

通常，IC直下の裏面には電源ノイズを抑制するためのパスコン（0.01 μ〜0.1 μFのセラミック・コンデンサ）がたくさん実装されています．BGAパッドからパスコンまでの寄生インダクタンスを最小にするため，なるべくたくさんのビアを打ちます．

ビアの周りにはクリアランスがあります．電源プレーンには，GNDのビアのクリアランスがボイド（空洞）になるため，信号のリターン・パスを分断するスリットにならないよう，慎重にビアの配置を検討します．

図9に電源インピーダンスのシミュレーション用の

測定回路を示します．

基板の配線とビアの特性だけで，コンデンサと半導体ICは，未実装の条件です．評価基板では，FPGAの両側に測定用SMAコネクタを配置し，内層でコア電源を一筆書きの太い配線で接続しています．GNDは全面ベタ・プレーンで接続されています．

● 結果

図10にFPGAコア電源の2ポートのS_{21}（ポート1からポート2への通過特性）実測，シミュレーション結果を示します．

図10の結果から部品を実装したとしても，パスコンの効果が得られる基板であることがわかります．

ネットワーク・アナライザは，高速信号の伝送特性を評価するときに使用します．DCから低周波数で伝送，高周波はカットするローパス・フィルタ特性になっているかどうかを確認します．S_{21}で評価すれば電源供給回路網が適切になっているかどうか検証できます．

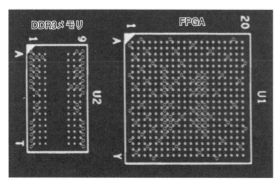

写真1 FPGAコア電源のインピーダンス測定用の生基板（実機）
部品は未実装の状態で測定する

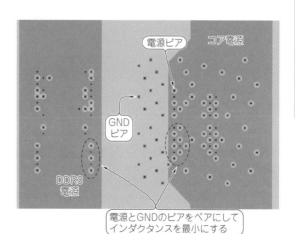

図8 内層のプレーンとビア（レイアウト）
図7のように電源/GNDの配線のビアは交互にした

シミュレーションでは，2次元電磁界シミュレータ S-NAP PCB Suite（MEL）を使い，パターン設計の CADデータから変換したモデルで解析しました．実測 と差がありますが，おおむね似た傾向になっています．

図10のS_{21}特性の0 dBはポート1から出力された各 周波数の電圧振幅（正弦波）がポート2に100 %伝送し ていることを意味します．−1 dBは90 %，−10 dBは 68 %，−20 dBは10 %，−40 dBは1 %の伝送になります．

技⑤ 電源/GNDの層数を増やし，インピーダンスを下げてノイズを低減する

高周波側でS_{21}が大きいときは，電源にノイズが伝 送されることを意味するので，なるべく小さくするこ とがポイントになります．

具体的には，電源配線のインピーダンス（$\sqrt{L/C}$を下 げるため，電源/GNDの層数を増やします．基板の寄 生容量を大きく，ビアの数をたくさん打つことで寄生 インダクタンスを小さくして，製品ごとに抑えるべき 周波数帯に効くコンデンサを実装します．

最新のFPGA/CPU/メモリIC周りの電源について 市販の電磁界シミュレータで電源インピーダンス特性 を製造前に検証することが多くなっています．基板の 試作回数を低減して開発期間を短縮するために大まか な傾向をシミュレーションでつかんでおくことも大切 です．

実験② 信号配線の プリント・パターンのビア

● 評価基板

信号に使用されるビア構造が，高速信号伝送にどの ように影響するか解説します．

写真2に示す評価基板を製作しました．両基板とも 信号は特性インピーダンス50 Ωに設定，裏面（L4層） に配線し，SMAコネクタの実装面を変えました．基 板①は表面（L1層）に，基板②は裏面（L4層）に実装し ました．基板②のSMAのピンの長さは，基板厚 （1.6 mm）と同じになるよう切断後に実装しました．

技⑥ 1 GHz以上ではビアもプリント・パターンの一部と考える

前述した**図2**は**写真2**の評価基板の断面です．**図2(a)** は**写真2**の基板①，**図2(b)**は**写真2**の基板②の断面です．

図2(b)はSMA間の信号経路が一筆書きになってい て，信号がスムーズに流れます．一方，**図2(a)**はビ アとSMAコネクタで基板からのはみ出し分がスタブ になって，反射が発生し，伝送特性が悪くなります．

図11はプリント基板製造メーカから入手した基板 パラメータで配線ルールが書かれています．

50 Ωのシングルエンド信号は表層のL1/L4配線幅

内層で SMA1-FPGA-SMA2の電源を太い配線で接続. GNDは全面ベタ・プレーンで接続

図9　電源インピーダンスを求めるためポート1からポート2へ の通過特性（S_{21}）を測定する（シミュレーション）
S_{21}を評価して電源供給回路網が適切になっているかなど検証する

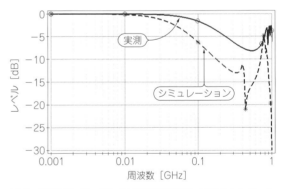

図10　電源インピーダンスの評価基板でS_{21}の実測とシミュレー ションを比較した
100 MHz以上の高周波側ではS_{21}が小さくなるため，電源/GNDノイ ズが発生しない．ノイズの伝搬がないためパスコンを実装したとしても 対策効果が得られる基板である

（a）裏面にSMAコネクタを実装した基板①　　　　　　　　　（b）表面にSMAコネクタを実装した基板②

写真2　信号配線のS_{21}を評価するための基板（実機）
(a)，(b)ともに信号は特性インピーダンス50 Ωに設定，SMAコネクタの実装面を変更した．(a)はスタブ

190 μmです. 100 Ωの差動信号は配線幅130 μm, 配線間スペース150 μmです.

伝送特性解析などを実施する場合は, **図12**との整合をとります.

基板製造メーカが特性インピーダンスを保証する配線ルールで電磁界シミュレータなどから算出した値と違う場合が多いので慎重に検討してください.

● **周波数特性**

2つのSMAコネクタ間の信号の伝送特性(実測とシミュレーション結果の比較)を**図12**に示しました. 実線がネットワーク・アナライザによる測定結果(18 GHzまで), 点線が電磁界シミュレータ Simbeor THz(Simberian)によるシミュレーション結果です.

電源評価基板のビアと違い, 信号のS_{21}特性は, 0 dB(100%の伝送)から落ちないことが要求されます. 約8 GHzまでは, 2種類の基板で差はみられませんが, それ以上では基板①の伝送特性が顕著に劣化しています. 15 GHzでは, 基板②の約−20 dB(10%)に対して, 基板①は約−60 dB(0.1%)になっています.

今回の評価基板では, ガラス・エポキシ材のFR-4を使用しました. 10 GHz以上では低損失材料へ使用, 導体表面処理などの影響を考慮します.

業務用映像機器で使われているSDIインターフェースの場合, これまでは3 GHzが上限でした. 最近12 GHz対応の半導体ICとBNCコネクタが製品としてリリースされ始めました. 75 Ωのシングルエンド配線のため, コネクタでビアが必要な場合は, 12 GHz

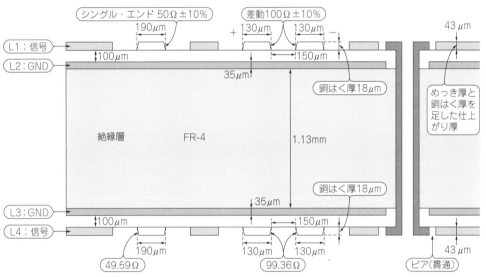

図11 評価基板の層構成(4層基板)
市販の伝送解析ツールなどで検証する場合は, これらのパラメータと整合をとる. 基板メーカによって配線ルールが異なるので解析ツールを使うときは慎重に設定する

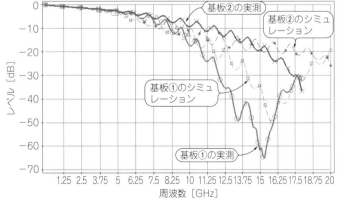

図12 信号の伝送特性を評価するための基板でS_{21}の実測とシミュレーションを比較した
基板①は周波数が高くなると伝送特性が劣化するため信号が通過できない

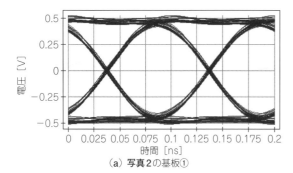

（a）写真2の基板①

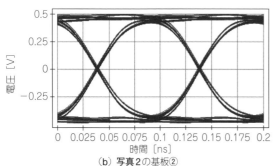

（b）写真2の基板②

図13　写真2の評価基板でのアイ・パターン比較…5GHzの場合
基板①と基板②はともに問題ないレベルである

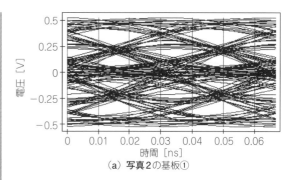

（a）写真2の基板①

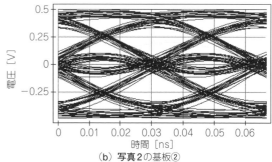

（b）写真2の基板②

図14　写真2の評価基板でのアイ・パターン比較…15GHzの場合
基板①は信号が乱れデータを伝送できない．基板②は辛うじてアイが確保されているので，IC内部の波形整形機能で信号を伝送できる可能性がある

までの伝送特性を考慮します．

● **信号の伝送品質**

　S_{21} の伝送特性の評価では，直感的に伝送特性が理解できないので，実測のSパラメータ（タッチストーン・ファイル）を入力として，時間領域のトランジェント解析を実施しました．**図13**と**図14**はアイ・パターンの比較結果です．**図13**では，基板②のアイ開口がよくなっています．ビア・スタブ構造の基板①でも伝送特性としては，問題のないレベルです．

　図14では，基板①の信号が崩れており伝送できません．基板②の信号は辛うじてアイが確保されているので，半導体内部のアクティブな波形整形機能（プリエンファシス，イコライジング機能）で信号伝送可能性があります．

　電子機器製品の小型化／高性能化，ノイズ対策にともない，ビアの重要性が今後，ますますフォーカスされるようになります．

　ビアの配置まで十分に考慮した基板を作ると，次のことを実現できます．

- ● 10GHz以上の高速信号が伝送できる
- ● 電子回路の動作基準であるGNDとエネルギー供給源である電源が安定する
- ● 低雑音化が図れる

　たかがビアと考えて，適当に配置すると，思わぬところで大けがをすることになります．100Mbpsの信号伝送が問題なかったとしてもビアで信号の反射がおきると，1GHz以上ではノイズが放射されます．最新の半導体を搭載した基板では，慎重にビアの配置を検討してください．

　今回の評価基板では，実測とシミュレーションが完全には一致しませんでした．信号の特性インピーダンスでさえ，基板製造メーカの配線ルールでシミュレーションをかけてみると値が一致しないことが多いです．

　最終的には基板断面の写真を撮って各寸法を計測することになりますが，追加費用が発生するため，簡単には実施できません．シミュレータ操作方法の習熟度にも影響するので，まずは，大まかな傾向をシミュレーションで理解することも重要です．

column▶01　はんだ付けしやすくするためのサーマル・ビア

高橋 成正

● 実際の電源基板

図Aにスイッチング電源基板の部品面(表層)のレイアウト例を示します。図Aには信号/電源/GNDの配線で内層と接続するためのビアが複数存在します。

ビアは、各層の同一配線の信号/電源/GNDを接続するため、基板に空けた穴の内側に、めっきにより導体が形成されています。ビアは、部品を挿入する穴と共用になっている穴があります。どちらも穴径が違うくらいで、その機能はまったく同じものです。

● 信号配線

最近のプリント基板は、ノイズ抑制やUSB 3.0, PCI Express, などの高速信号をドライバ側のICからレシーバ側のICに反射などの信号の乱れ/減衰をなくすなどの理由から銅はくを残す方向で設計・製造されています。これは放熱特性の面で有利です。

銅はくが増えると放熱性がよくなるため、はんだ付け性は悪くなります。ベタ層にサーマル・ランド

なしで形成されたスルーホールにはんだ付けするには、十分な予備加熱が必要です。たった1個のスルーホールをはんだ付けするだけでも基板全体が熱くなります。

● 電源/GND/部品ピン

サーマル・ビアは、内層にドーナツ形状に切り込みが入った形状です。銅面積が多い電源/GNDのベタ・プレーンに直接接続されるビアが、はんだ付けの際に、熱の放散ではんだ上がり不良となるのを防ぐのが目的です。熱が逃げないようにするわけです。

電気特性的にはサーマル・ビアの切り込み形状は、寄生インダクタンス/抵抗成分になるため、耐ノイズ特性に対して悪くなります。

電磁界シミュレーション用のモデルを作成する場合、メッシュ形状を細かくしすぎると、モデル・サイズ規模の巨大化で解けなくなる恐れがあります。シミュレータを実行するコンピュータに搭載しているメモリ量を超えないように、慎重に設定します。

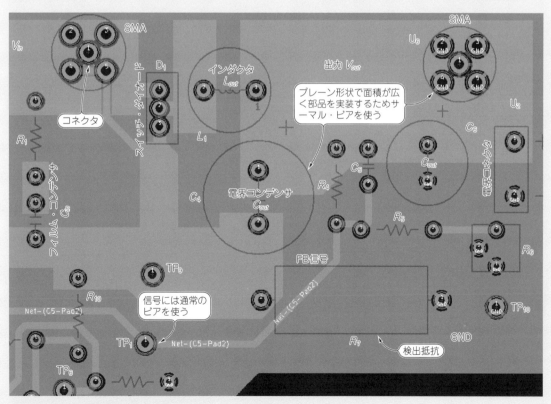

図A　スイッチング電源周りのビアの例(KiCadによるデザイン)
信号配線に利用する通常のビアと電源/GND/コネクタなどの部品に利用するサーマル・ビアがある

第22章

実用的な BGA配線のテクニック

善養寺 薫 Kaoru Zenyouji

写真1に示すのは，インテル(旧アルテラ)製の CycloneIV FPGA(EP4CE15F17C8N)です．本章では，本ICを例に，200ピン超のBGA(Ball Grid Array)配線のための実用的なテクニックを解説します．

基板CADにはDipTraceを使いましたが，他の安価・無償CADでも利用できます．

格安プリント基板製造業者PCBWayに依頼する場合，デザイン・ルールの制約から256ピンのBGAパッケージICならばプリント基板の製作が可能です．高機能なBGAパッケージICを搭載したハイエンドな基板製作に挑戦してみませんか．

技① パッドの隙間にビアを開ける場合，最小ビア径0.6 mm/穴径0.3 mm

写真1に示すようなBGAパッケージを搭載する場合，BGAのパッドの隙間にビアを打たなくてはいけません．このビアは小さいほど設計は楽ですが，デザイン・ルール上はそうはいきません．BGAパッケージもどんどん小型化しています．そのため，数ある製品の中からプリント基板製造業者のルールに適合するパッケージの製品しか使えない制約が発生します．

図1に示すのは，ビア，配線幅，クリアランスの関係です．格安プリント基板製造業者のデザイン・ルールはほとんど同じです．中国のPCBWayを例にすると，最小ドリル径は0.3 mm，アニュアリングは0.15 mm(6 mil)です．つまり，ドリル径0.3 mm，ビア径0.6 mmが最小サイズです．

技② パッドから配線を引き出す場合，配線幅/クリアランスは最小0.15 mm

図2のようなBGAパッケージのパッドから配線を引き出すときは，パッド間に配線を通します．配線幅やクリアランスが小さいほど設計が楽ですが，実際の制約上は配線幅とクリアランスともに0.15 mm(6 mil)です．つまりパッド間は0.45 mm以上が必要です．

厳密な話としては，6 milは0.1524 mmです．ガーバ・データ出力時の小数点精度に関わらず，プリント基板製造業者のCAM(Computer Aided Manufacturing)チェックで0.15 mmを6 milとするか，0.152 mmを6 milとするかで分かれているようです．0.152 mmとして設計しておくほうが無難です．

多くの基板製造業者では配線幅とクリアランスは追加費用を払うことを前提とすると，より小さな値で設計できます．PCBWayの場合には3 milまで小さくすることも可能です．設計開始前に許容できる金額か確

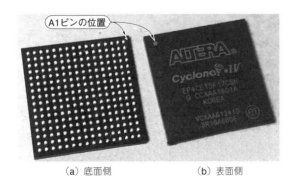

(a) 底面側 (b) 表面側

写真1 例題のBGAパッケージIC…φ0.5パッド，1 mmピッチ，256ピンのCycloneIV FPGA(インテル)

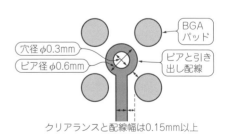

A1ピンの位置

穴径φ0.3mm
ビア径φ0.6mm
BGAパッド
ビアと引き出し配線

クリアランスと配線幅は0.15mm以上

図1 設計に使用した256ピンのFBGA(FineLine Ball-Grid Array)は，パッド間が1 mmあるため配線を通しビアを配置できる
参考文献 https://www.intel.com/content/dam/www/programmable/us/en/pdfs/literature/ds/pkgds.pdf, pp.95-96

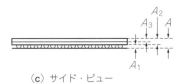

（a）トップ・ビュー　　　　（b）ボトム・ビュー

（c）サイド・ビュー

図2　デザイン・ルールに従ってBGAのパッドの隙間にビアを空けて配線を通す

シンボル	寸法[mm]		
	最小	標準	最大
A	–	–	1.55
A_1	0.25	–	–
A_2		1.05	
A_3	–	–	0.80
D		17.00	
E		17.00	
b	0.45	0.50	0.55
e		1.00	

（d）寸法

認しておきたいところです．

技③ まず4層基板で検討して層数が不足したら増やす

　基板層数は多いほど設計が楽です．ただし製造上もCADのライセンス上も層数が多いほど高価になるため，可能な限り減らしたいところです．パッケージによりますが2層では困難です．4層基板を検討のスタートとしてみましょう．多くのCADは設計中に層数を増減させることが可能ですので，どうしても足りなくなったら層を増やしていきましょう．

技④ 回路図シンボル作成時には既存のデータを流用する

　データシートを見ながら，ピンを1つずつ並べて回路図シンボルを作るのが通常のやり方です．しかし，256ピンもあるBGAの場合にはとても面倒です．

　多くのCADでは外部よりExcelやCSVファイルなどのピン情報を読み込み，回路図シンボルのピンを生成する機能があります．DipTraceでは各入出力信号の電気特性を記したファイル（BSDL：Boundary Scan Description Language）をインポートする機能があるので，これを活用します．

　BSDLファイルはFPGAのメーカのWebサイトからダウンロードできます．面倒な場合は，メーカの回路図シンボル・ファイルをそのまま流用します．DipTrace の場合は AltiumDesigner や P‑CAD，PADSのシンボル・ファイルをインポートできます．とくにAltiumDesignerのシンボルはメーカが用意していることが多く重宝します．

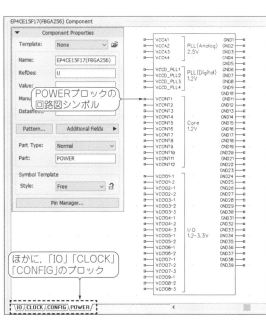

図3　回路図シンボルは，IO，CLOCK，CONFIG，POWERなどの機能ごとに分けると見やすくなる
EP4CE15F17の回路図シンボル（POWERブロック）

技⑤ 回路図シンボルは機能ブロックごとに複数分割する

　今回のように100ピンを超えるICの場合，回路図シンボルは，機能ブロックごとに複数に分割することをお勧めします．FPGAでは，IO，CLOCK，CONFIG，POWERのシンボルに分割できます．信号線が多いものでは，図3に示すようにI/Oバンクなどにさらに分けることもあります．

　フットプリントについては，リフローを前提にするため（ノウハウがたまるまでは）メーカ推奨のものでよいでしょう．DipTraceには標準でフットプリントが収録されていますし，図4に示すようにパッドを自動で並べる機能があるため，ほかの表面実装部品のフットプリント作成より楽です．

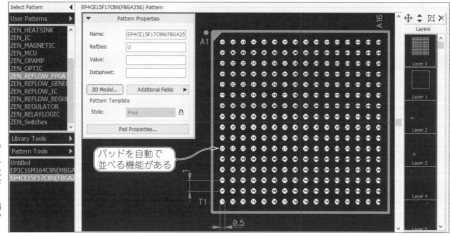

図4 DipTraceには標準でフットプリントが収録されていて、パッドを自動で並べる機能があるため作成が容易である

φ0.5のパッドが1mm間隔で並んでいるEP4CE15F17のフットプリント

技⑥ BGAデバイス周辺のパスコンや電源用フィルタ数は設計時に決める

パスコンや電源用フィルタ（表面実装フェライト・ビーズや小容量インダクタなど）は、変更がしやすいようにします。設計者が扱うパスコンなどのチップ部品は、1608サイズや1005サイズがメインです。これらのデバイスはBGAデバイスの配線密度からみると、非常に大きな部品です。

パスコンはデバイスの近くにできるだけ配置したいのですが、一方でBGAデバイスからの信号線の引き出しにはBGAデバイス周辺の領域を意外と広く使用します。これらは基板設計時に部品配置をしてみないと分からないことが多くあり、基板密度や層数など主にコスト的な理由から数を減らすこともあります。

電源ピン1つにつき、パスコン1個、または周波数特性を考えて0.1μFと0.01μFを並列につける推奨ルール通りでは、**図5**に示すようにBGAの信号配線が引き出せなくなることがあります。そこでパスコンや電源用フィルタの数を調整することを前提に回路図を描きます。なお、信号線も基板設計中に大幅な変更もあります。

技⑦ 電源配線は小規模なベタ領域（アイランド）を作成して電圧別に分ける

基板CAD上でBGAパッケージのフットプリントを配置したら最初に電源を配線します。今回利用するFPGAは、信号系電源3.3V、内部ロジック電源1.2V、PLL系1.2V、2.5V、GNDなどの多系統あります。

理想的には、同じ電圧であってもフィルタなどを入れて電源ドメインを分割したいところです。ここは層数とプリント基板の値段との兼ね合いになります。

DipTraceをはじめ、プリント基板CADではレイヤの設定で電源層と信号層を分け、電源層としたものは

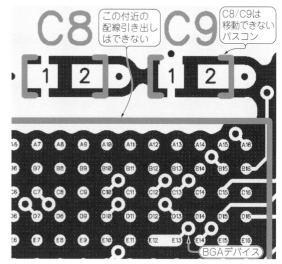

図5 電源ピン1つにつきパスコン1個を配置する推奨ルールを適用した場合、BGA付近の信号配線が引き出せなくなることがある

自動でベタ・パターンの電源にできます。

しかし少層数で多くの配線を通したく、電源層にも配線を通さざるを得ないことがあるため、**図6**のようにすべて信号層として作成し、その上に手動でベタ・パターンの電源を配置します。電源の配線は電圧別に小規模なベタ領域（アイランド）を同じ層に作成すると層数を減らせます。

今回は**図7**に示すように、2層目を入出力信号電源3.3V、3層目を内部ロジック電源1.2Vや2.5V、4層目をグラウンドとしベタを基本設定としました。実際には信号配線の引き出しに2層目以降も利用します。多くのBGAパッケージのピン・アサインは信号ピンが外側、電源ピンが中心側に偏って配置されているため、信号線の引き出しで電源のベタ・パターンが極端に分断されることはありません。

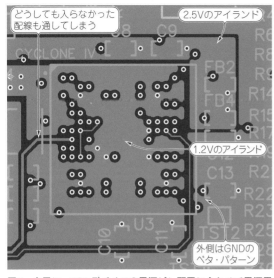

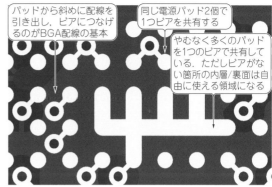

図8 パッド1個または2個に対してビアを1つずつ開けることがセオリであるが,貫通ビア部は各層で配線に使用できなくなりベタが分断されることになるため,多くのパッドから1つのビアに落とさざるを得ないこともある
BGAの電源配線部

図6 内層に,BGAデバイスの電源ピン配置に合わせて電源電圧別に小規模なベタ領域(アイランド)を作成する

FPGA内部ロジックを高速動作させ,信号をスイッチングするような用途では電源配線を慎重に設計します.層数を増やせるようのであれば,電源レイヤをGNDレイヤで挟んだり,引き出した信号線をGNDで囲むなど,ノイズや安定性に寄与する工夫をすべきです.

技⑧ ビアが多いと内層や裏面にデッド・スペースが生じる

電源のベタ・パターンがBGAパッケージの下に配置できれば,あとはパッドから斜めに配線を引き出し,パッドの隙間にビアを配置してベタに落とすだけです.

電源は配線のインピーダンスを下げるのが基本のため,図8のようにパッド1個,または2個に対してビアを1つずつ開けることがセオリです.しかし貫通ビア部は各層で配線に使用できなくなり,ベタが分断されることになるため,多くのパッドから1つのビアに

落とさざるを得ないこともあります.

格安なプリント基板では貫通ビアが基本です.図9のようにビアを打った箇所はすべての層で配線に利用できないエリアになり,ベタ・パターンも分断されます.図10のようにビアの周りにさらにクリアランスが要求されるため,実際は相当大きな面積が配線に利用できなくなります.そこで数多くのパッドを1つのビアにまとめざるを得ないことがあります.ビアがない領域があれば,そこへBGAの裏面にパスコンなどを配置することも可能になります.

電源の安定性は真っ先に要求される項目です.設計内容や信号線の用途などを加味して配線設計を行う必要があります.パッドの信号を別の層に接続する場合,同じ電位であっても1つのパッドに対して1つのビアで接続するルールが一般的です.これは通常使用するビアが小さく,インピーダンスが高いためです.

今回はϕ0.3 mmというBGAデバイスにしては比較的大きいビアを使いました.インピーダンスは十分低いとし,1つのビアに複数のBGAデバイス・パッ

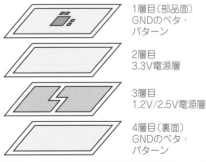

図7 少ない層数を効率的に利用するため,1つの層に2種類以上の電源ベタを配置したり,一部の信号線を電源層に通すこともある

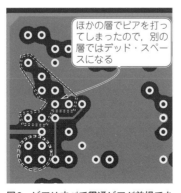

図9 ビアはすべて貫通ビアが前提であるため,ビアを打った箇所は別のレイヤでも配線などに利用できない

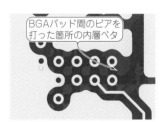

図10 ビアを多く打つと,内層や裏面では意外と広い面積が利用できなくなる
ブラインド/ベリッド・ビアを利用しない場合には,ビアの影響を考える必要がある

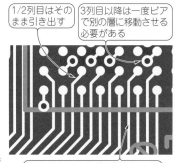

図11 BGAの信号線が引き出せるのは外側から2列ずつが基本

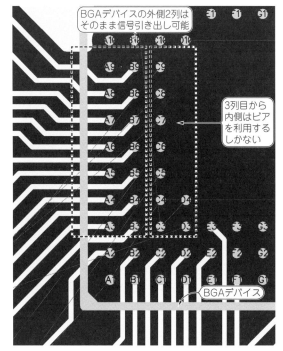

BGAデバイスの外側2列はそのまま信号引き出し可能

1/2列目はそのまま引き出す

3列目以降は一度ビアで別の層に移動させる必要がある

BGA周辺は配線が密集するため，ビアや部品を配置しづらい

3列目から内側はビアを利用するしかない

BGAデバイス

図12 BGAデバイスの外周外側から2段はビアなしで引き出すことができるが，3列目より中側はビアを利用して他の層へ逃げるしかない

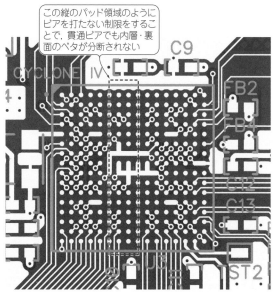

この縦のパッド領域のようにビアを打たない制限をすることで，貫通ビアでも内層・裏面のベタが分断されない

図13 入出力信号線の数を最低限にして，可能な限り配線を外周にまとめたBGAパッケージのプリント・パターン

ドを接続しました．

技⑨ BGAの裏面側に部品を配置するとリワーク作業がやりにくい

試作や実験用途ではBGAを剥がしたり，リワークしたりすることが多々あります．BGAの裏面にパスコンを実装した場合，リワーク作業がやりにくくなります．部品実装を業者に依頼する際には，当然裏面分のメタルマスクや実装費用が多くかかります．

技⑩ BGAの内側3列目以降の信号線は別の層にビアで移動させて引き出す

信号線は表面から作業していきます．BGAの外周2

列を最初に引き出します．先の1/2列目を引き出していると，3列目以降はそのままでは引き出せません．図11に示すように，一度ビアで別の層に移動させてから引き出します．

図12に示すように配線はBGAの外周側のパッドのほうが引き出しやすいです．BGA内側のパッドからの引き出しは別の層を利用します．BGA周辺に配線入れ替え用のビアなどがあると，ビアが邪魔になってしまい引き出せなくなります．配線しづらい，配線が交差すると感じたら，回路図やFPGA設計ツールに戻りピンを入れ替えましょう．

パスコンなどが邪魔になることもあります．その場合も回路図に戻り修正します．多くのピンを引き出す場合には，BGAパッケージの対角線上のパッドから信号を引き出し難くなることもあるのでピン・アサインを工夫します．図13に完成したBGA搭載基板を示します．

*　　　*　　　*

設計が終われば，あとは通常の手順でガーバ・データを出力し，プリント基板製造業者へ製造を依頼します．BGAパッケージははんだこてでは実装できないため，このとき忘れずにメタル・マスクも発注しておきます．

実装も業者に依頼できます．現在はネット通販で安価に少量のクリームはんだなどを購入することも可能であり，品質などを求めなければ自分でリフロー実装もできます．安価な卓上リフロー炉も選択肢があり，試作・実験用途では十分な品質で実装できます．

第5部

電源回路の
基板設計テクニック

スイッチング電源回路の基板設計

藤田　雄司 Yuuji Fujita

本章では，部品8点のシンプルな降圧型スイッチング電源回路を例に，放射ノイズを低く抑えるプリント基板の作り方を解説します．

1 MHz超の高い周波数でスイッチングする電源ICが増えています．周波数が高いものほどサイズが小さい傾向があります．しかし，ノイズが大きいため，微小信号を扱うシステム（無線機や高精度モニタ）では敬遠されています．

電源の性能は，部品の配置やプリント・パターンの描き方によって大きく変わります．適切な部品選択とプリント基板設計ができれば，安定性や信頼性も向上します．今回の例題回路は，携帯充電器，CPUなどの論理回路，16ビットA-Dコンバータの電源基板つくりの参考になります．

例題回路

● 1.4 MHz，5 V/1.2 Aの高機能ディジタルIC用電源

図1に例題の降圧型スイッチング電源回路を示しま

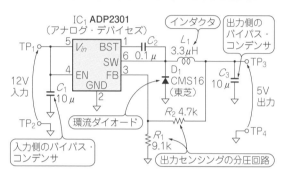

図1　例題回路…入力12 V，出力5 V/1.2 Aの降圧型電源
部品が8点で5 Vの定電圧が得られる．部品の配置や配線によってノイズ電圧が異なる．部品自身の影響を小さくするために表面実装品を使う．配置やプリント・パターンの影響をわかりやすくするために片面基板で例題の基板を製作した

す．電源ICはADP2301（アナログ・デバイセズ）を使用します．スイッチング周波数は1.4 MHz，出力電圧は5 V，最大出力電流は1.2 Aです．今回は異なる部品配置で2種類のプリント基板を実際に製作します．

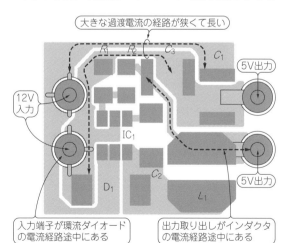

図2　悪い部品配置とプリント・パターンの例
コンパクトに配置しているように見えるが，大きな過渡電流が流れる入出力バイパス・コンデンサや還流ダイオードのプリント・パターンが長いため，十分な性能が出せない．大電流の経路途中から入出力を取り出すとノイズを閉じ込められない

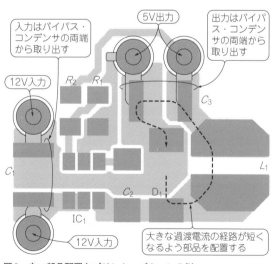

図3　良い部品配置とプリント・パターンの例
大きな過渡電流の経路が短くなるよう配置している．銅はくのインダクタンスや抵抗成分の悪影響を最小限に抑えている．入出力はバイパス・コンデンサの両端から取り出すことでノイズを閉じ込める

図2に悪い部品配置とプリント・パターンを示します．部品の形状からパズル的に収まりが良い配置となっていますが，ノイズを減らすことを意識していません．大きな過渡電流が流れるプリント・パターンは長くて狭いです．大きな過渡電流が流れる経路途中から入出力を取り出しています．このため入出力端子でのノイズが外部に漏れやすい部品配置です．

図3に良い部品配置とプリント・パターンの例を示します．銅はくがもつインダクタンスや抵抗成分の影響が小さくなるように考えて配置配線しています．特に大きな電流が流れる部分のパターン長が短くなるように配慮しているので，目に見えない寄生のLCで共振するリンギングのエネルギーが小さくなります．バイパス・コンデンサの両端から入出力を取り出す配置は，ノイズを内部に閉じ込める効果があります．

この2種類のプリント・パターンでどのくらいの不要なノイズが出ているかを比較します．

図4に1M～1GHzの入出力ノイズ・スペクトルの実測結果を示します．出力リプルで発生する共振周波数近傍では，入出力ともに約40dB（100倍）の差が出ています．出力側は，インダクタL_1とコンデンサC_3による2次のフィルタ構成になるため，スイッチング素子がむき出しで接続されている入力側に比べてノイズが少なめです．

基板から空中に出る ノイズを減らすには

技① プリント・パターンの寄生のLCRを考慮する

図1の帰還回路や制御回路を省き，大きな電流が流れるパワー・ラインを抜き出して模式化した回路を図5に示します．これにプリント・パターンが持っている抵抗やインダクタンス，スイッチ素子の接合容量を記入すると，図6のようになります．部品自体がもつ直列抵抗分やインダクタンス分もありますが，部品配置によって変化する値ではないため省略しています．

配線に寄生するLCR成分の分布や大きさは，部品配置やプリント・パターンの引き回し方によって変わるので，電源回路の性能に影響を与えます．

一般的なプリント・パターンがもつ寄生のLCRは次のような近似式でおおよその値を計算できます．

寄生成分　グラウンド　アナログ回路　高速ディジタル　電源回路

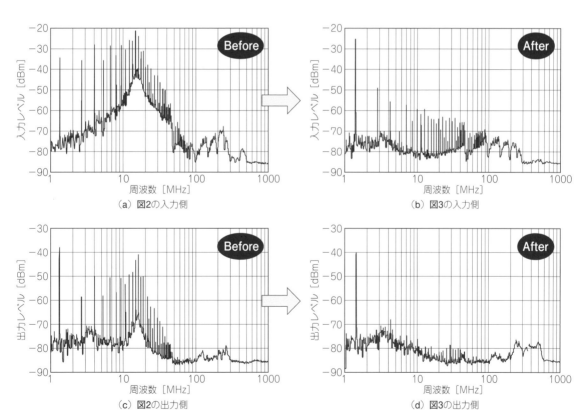

図4　プリント・パターンの作り方によって，出力リプルで発生する共振周波数近傍のノイズ放射は100倍異なる

(a)は寄生のLC成分の共振点を中心にスイッチング周波数の高調波が大きく現れる．(b)は入力バイパス・コンデンサC_1によりスイッチング周波数の高調波が効果的に除去されている．(c)は入力側よりノイズ・レベルは小さいが出力バイパス・コンデンサC_3が効果的に効いていない．(d)は出力バイパス・コンデンサC_3が効果的に効き基本波1.4MHz以外の成分はほとんどない．不要ノイズには，コモン・モードとノーマル・モードがある．今回はノーマル・モード・ノイズを比較した

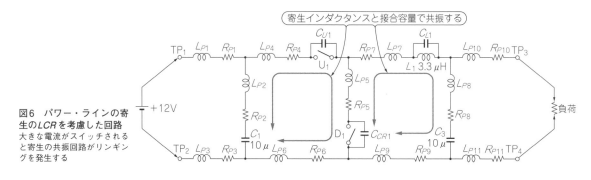

寄生インダクタンスと接合容量で共振する

図6 パワー・ラインの寄生のLCRを考慮した回路
大きな電流がスイッチされると寄生の共振回路がリンギングを発生する

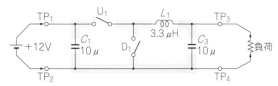

図5 電流が大きなパワー・ラインだけを抜き出し模式化した回路
電流がスイッチされるとマーキング部分に急峻な電流変化が発生する

$$L_P = 0.2L\left(\ln(2L/W) + 0.2235(W/L) + 0.5\right)[\text{nH}] \cdots (1)$$
$$R_P = 0.0168L/(WT)\,[\text{m}\Omega] \cdots\cdots\cdots\cdots (2)$$
$$C_P = 0.008854\,\varepsilon_r(L + \Delta f)(W + \Delta f)/d\,[\text{pF}] \cdots (3)$$
$$\Delta f = D + (0.885D \cdot \ln(0.01LW + 1)/\pi$$

ここで，L：配線長[mm]，W：配線幅[mm]，T：銅はく厚[mm]，D：基板厚[mm]，ε_r：基板比誘電率

　図7(a)に示す幅W，長さLのプリント・パターンのインダクタンスL_Pは式(1)で近似されます．銅はく厚は影響が小さいため省略しています．

　幅W，長さL，銅はく厚Tの長方形のプリント・パターンの20℃における抵抗R_Pは式(2)で近似されます．銅は＋3862 ppmの温度係数を持つので，20℃から大きく外れる使用環境ならこの係数を考慮に入れたほうがよいでしょう．

　図7(b)に示すような基板厚Dの両面に並行する幅W，長さLのプリント・パターンの静電容量C_Pは式(3)で近似されます．Δfは，銅はく端面のエッジ効果を考慮に入れたときの係数です．$\Delta f = 0$で計算すれば考慮しない静電容量値となります．

　これらの寄生のLCRが設計定数に対して無視できない大きさになれば，回路は期待どおりの動作をしません．

技② 電流変化が大きい部分のプリント・パターンはできるだけ広く短くする

　部品をプリント基板に配置するとき，すべてのプリント・パターンの寄生のLCRが最小になるよう描くことはできません．優先的に寄生値を小さく抑える必要があるプリント・パターンを選びます．

　スイッチング電源の場合，とくにプリント・パターン長を最小限にしたいのは電流変化di/dtが大きいIC$_1$内のスイッチ素子U_1とD_1の配線部分です．この配線は寄生のLによるノイズの影響を受けます．図5のマーク部分のプリント・パターンがなるべく広く短くなるよう部品を配置します．

技③ バイパス・コンデンサとコモン・ラインのL成分を小さくする

　図6のスイッチ素子U_1とD_1は交互にON/OFFします．このときU_1やD_1はスイッチされるごとに電流が途切れ，図8に示すように大きな電流変化が発生します．この電流変化でスイッチの接合容量（C_{U1}, C_{CR1}）とプリント・パターンの寄生インダクタンス（L_{P2}〜L_{P6}）が共振しリンギングが発生します．このリンギング周波数がL_1やC_3の自己共振周波数に近い領域以上では，フィルタの役割を果たせなくなります．これが出力に漏れてリプル電圧や放射ノイズとなります．

　リンギングは，入出力のバイパス・コンデンサC_1，C_3と直列になるL値（L_{P2}, L_{P8}）が大きくなると，ノーマル・モードで外部に放出されます．入出力間コモン・ライン（L_{P6}, L_{P9}）のL値が大きくなると，コモン・

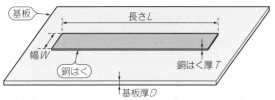

(a) 銅はくの長さ，幅，厚みが決まればRとLを計算できる

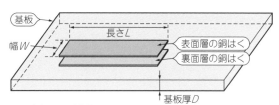

(b) エッジ効果によって面積，距離，誘電率のみから計算した値より実際の静電容量は大きくなる

図7 プリント・パターンのインダクタンス，抵抗値，静電容量値を算出する

第23章 **スイッチング電源回路の基板設計**

寄生成分

グラウンド

アナログ回路

高速ディジタル

電源回路

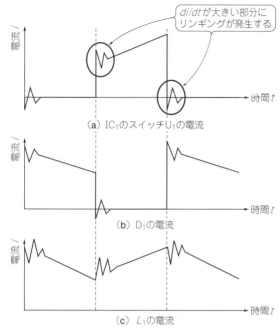

di/dt が大きい部分にリンギングが発生する

(a) IC₁のスイッチU₁の電流

(b) D₁の電流

(c) L₁の電流

図8 図6の各部の電流波形
リンギングは大きな*di/dt*が共振回路に加わったときに発生する

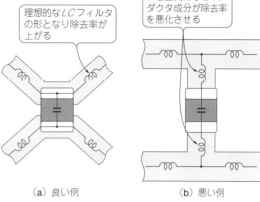

理想的な*LC*フィルタの形となり除去率が上がる

*C*と直列になるインダクタ成分が除去率を悪化させる

(a) 良い例　　　　**(b) 悪い例**

図9　バイパス・コンデンサへのプリント・パターンの描き方
*C*と直列になる*L*成分が増えればコンデンサの自己共振周波数が下がったことと同じになる

モードで放出されます．したがってL_{P2}, L_{P5}, L_{P6}, L_{P8}, L_{P9}が最小になるように部品配置することが放射ノイズを小さく抑えるポイントになります．

技④ スイッチ・ノードの面積は大きくしすぎない

寄生インダクタンスL_{P7}は，L_1と直列になる値なのでL_{P2}, L_{P5}, L_{P6}, L_{P8}, L_{P9}ほどシビアに考える必要はありません．しかし高い*dv/dt*で振れるスイッチ・ノード(U₁, 6ピンのプリント・パターン)の面積が大きいと高周波成分が電界で放射されることになります．スイッチ・ノードは放熱のために面積を大きくしたいところですが不要に大きくならないようにします．

技⑤ バイパス・コンデンサは理想的な*LC*フィルタになるよう配線する

C_3の直列抵抗成分R_{P8}と直列インダクタンス成分L_{P8}により，C_3のインピーダンスが高くなり，リプル電圧が悪化します．これが最小となるように配置します(**図9**).

放射ノイズ

技⑥ 電流量が大きいプリント・パターンは広く短く

図2の変換効率は**図3**より低いです．これは抵抗成

分R_Pに電流が流れてジュール熱となり損失してしまうためです．ジュール損失はI^2Rとなるので，とくに電流が大きい部分のプリント・パターンが狭かったり，長かったりすると効率悪化への影響が大きくなります．

不要な高い周波数のリンギングが発生すると共振電流によってジュール損失も増加します．

電源回路では，損失低減のためにパワー・ラインの配線抵抗がなるべく小さくなるように設計します．共振回路が形成されるとQが大きくなりやすく，電流ピークも大きくなります．高周波では表皮効果でプリント・パターンの抵抗成分が大きくなるため，さらに損失が増加します．前述した**図5**のマーク部分のように大きな電流が流れるプリント・パターンはなるべく広く短くできるように配置します．

技⑦ 感度の高い回路は降圧型電源のインダクタから離して配置する

降圧型電源のインダクタL_1の真下にプリント・パターンを描くと，変換効率が悪くなります．**図10**に示すようにL_1からの漏れ磁束で渦電流が発生し損失になってしまうからです．この渦電流が流れて影響を

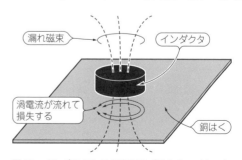

漏れ磁束　　　　　インダクタ

渦電流が流れて損失する

銅はく

図10　インダクタンスの真下のプリント・パターンは渦電流で損失が増す
渦電流損失は効率を下げるだけでなくインダクタンスのQも低下させる

受けるような感度の高い回路やプリント・パターン（たとえば出力センシングの分圧回路）は、なるべくL_1から離れるように配置したほうがよいです。

技⑧　負荷変動の影響を受けやすいパターンの抵抗成分は小さくする

プリント・パターンや降圧型電源のインダクタL_1は抵抗成分，IC_1内のスイッチ素子U_1はオン抵抗があるため，電流が流れると，電圧降下が発生します。出力電圧と基準電圧を比較して帰還をかけて電圧を安定化させたのが定電圧電源です。

図1の回路ではR_2とR_1で分圧された電圧をIC_1内部の基準電圧と比較して帰還をかけています。図2のプリント・パターンではR_2でセンシングしたところから出力取り出し口のTP_3までプリント・パターンが伸びています。そのため，このプリント・パターンの抵抗成分で電圧の変動が大きくなっています。

基準電圧との比較は，IC_1の2ピンと3ピンの間で行われるので，R_2に繋げるセンシングはパワー・ライ

ンとは別ルートでTP_3に繋ぎます。IC_1の2ピンとR_1のGND側のプリント・パターンにはパワー・ラインの電流が流れないように繋ぐのがポイントです。

図11にセンシング・ラインの配置とプリント・パターンの描き方を示します。

性能評価

● 変換効率
図12に図2と図3の基板の出力電流対電力変換効率を示します。図3の部品配置ではデータシートに対してわずかにおよばないものの，最高で89.2 %，1.2 A出力時でも85.6 %の変換効率が得られています。

図2の部品配置では図3に比べ出力が0.5 A付近で約0.2 %低くなります。1.2 A出力時には0.77 %も低くなっています。

大電流が流れるプリント・パターンの抵抗成分によるジュール熱損失や寄生共振回路によるリンギングのエネルギー分が損失増加につながっていると考えられます。

● 静的負荷変動
図13に図2と図3の基板の出力電流対出力電圧変動を示します。図3の部品配置では軽負荷から1 Aまでは±1 mV以内に収まり，1.2 A出力時でも3.8 mVの変動に収まっています。

図2の部品配置では出力電流が増えるにつれて電圧降下が大きくなり，1.2 A出力時では50 mV近くになっています。これは出力電圧をセンシングするポイントが悪く，銅はくの抵抗成分による電圧降下がそのまま出力に現れてしまっているためです。

● 動的負荷変動
図14に出力電流を0.1 Aから1.2 Aに急変させたときの出力電圧波形を示します。

変化をはじめてから100 μs程度までの過渡的な出

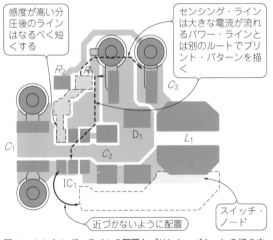

図11　センシング・ラインの配置とプリント・パターンの描き方
電圧基準点のプリント・パターンに大きな電流が流れると出力安定度に悪影響が出る

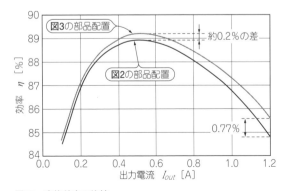

図12　変換効率の比較
電流が大きいほど変換効率の差が開いている

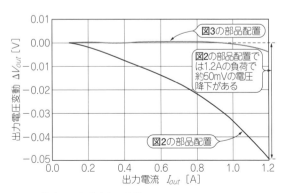

図13　静的出力負荷変動の比較
図2の部品配置は電流が大きいほど出力の電圧降下が大きい

寄生成分
グラウンド
アナログ回路
高速ディジタル
電源回路

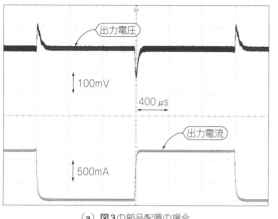

(a) 図3の部品配置の場合　　　　　　　　　　(b) 図2の部品配置の場合

図14　動的出力負荷変動の比較
(a)は負荷電流の変化によってリプル電圧はほとんど変わっていない．(b)は負荷電流が大きくなるとリプル電圧が大きく増加する．チャネル1は出力電圧波形，チャネル2は出力電流波形

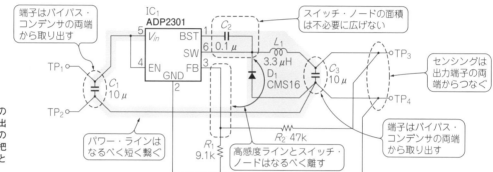

図16　各部品の能力を100%出し切るには寄生のLCRの影響を把握して部品配置と配線を決定する

（左側説明）端子はバイパス・コンデンサの両端から取り出す
IC$_1$ ADP2301
V_{in} 5　BST 1
EN 4　SW 6
GND 2　FB 3
TP$_1$　TP$_2$　C_1 10μ
パワー・ラインはなるべく短く繋ぐ
R_1 9.1k
高感度ラインとスイッチ・ノードはなるべく離す
C_2 0.1μ
スイッチ・ノードの面積は不必要に広げない
L_1 3.3μH
D$_1$ CMS16
C_3 10μ
R_2 47k
TP$_3$　TP$_4$
センシングは出力端子の両端からつなぐ
端子はバイパス・コンデンサの両端から取り出す

力変動についてはあまり大きな違いはありません．しかし図14(b)の波形は負荷電流が大きいときに波形が太くなっています．これは負荷電流が大きい場合にリプル電圧が大きくなっているからです．

● **出力リプル電圧**

1.2 A出力時のリプル電圧を比較してみます．図15に出力電圧波形を示します．

図15(a)ではスイッチしたタイミングでわずかにキズがありますが，スイッチング周波数（1.4 MHz）の正弦波で約18 mV$_{P-P}$の振幅です．

図15(b)ではスイッチ・タイミングで17 MHz程度の大きなリンギングが現れ，振幅は80 mV$_{P-P}$に達します．これは出力を取り出す箇所とバイパス・コンデンサの位置関係に問題があるためです．振動周波数はパワー・ループのパターン・インダクタンスとスイッチ・デバイスのOFF容量との共振周波数になります．

＊　　　　　＊　　　　　＊

図16はこの電源の性能を十分に引き出すよう部品配置やプリント・パターンのつなぎを意識して描いた回路図です．電源回路だけでなく電子機器の高速化や

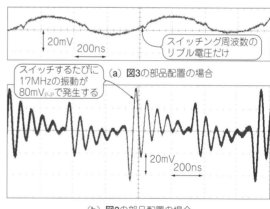

20mV 200ns
スイッチング周波数のリプル電圧だけ

(a) 図3の部品配置の場合

スイッチするたびに17MHzの振動が80mV$_{P-P}$で発生する

20mV 200ns

(b) 図2の部品配置の場合

図15　出力リプル電圧の比較
(a)は出力電圧に重畳されるリプルにスイッチング周波数の高調波はほとんどない．寄生のLC成分の共振によりスイッチングごとに大きなリンギングが出力に現れる

EMC規制が進み，求められる性能は高くなる一方です．
プリント基板の部品配置を侮ると思わぬ落とし穴にはまり，結局つくり直しの憂き目を見ることになります．目標性能を出すには部品選びや回路設計が重要で

column ▷ 01　私が遭遇したフラフラのシガー・ソケット電源…

藤田　雄司

シガー・ソケットに挿し込むタイプの車載用で入力12〜24 V，USB出力5 V/2.1 A電源アダプタを手に入れました．数百円にもかかわらず外観上のつくりはよく，出力電圧もテスタで見る限りきちんと4.93 V出ています．

ICの型名は不明ですが，今回の実験と同じ降圧型スイッチング電源で，リファレンス電圧1.2 V，スイッチング周波数は600 kHzです．

少し使ってみると無負荷のときでもモジュールが熱くなっているのに気づき，何が起きているのかを調べてみました．

図Aに電源モジュールの回路を示します．まず出力が無負荷の状態なのに13.5 V入力で75 mAも流れています．通常この手の電源は無負荷なら10 mA以下が普通です．出力側にLEDや充電器認識用の分圧抵抗があると言っても多すぎです．

このときの出力をオシロスコープで観測すると2 kHz，0.5 V_{P-P}くらいで上下に揺れていました．

分解して個々の部品特性を調べてみると，降圧型電源のインダクタには鉄損が多いコア材が使用され，コアの大きさに対するリプル電流も大きめです．発熱の主な原因はこのインダクタでした．

入力側のバイパス・コンデンサはセラミック・コンデンサに比べて*ESR/ESL*の大きな一般用電解コンデンサを使っています．また出力の上下の揺れは帰還の位相補償不足が要因でした．

携帯電話の充電には使えます．しかし，大きな電流が連続して流れるようなスマートフォンを充電するのは少々危険です．

ノイズ対策の甘さも車両のスマート・キー（鍵に触れることなくドアロックを開けたり，エンジンを始動したりできる機能）への干渉が懸念されるレベルでした．

そこでインダクタンスは大きめの余裕があるものに交換し，帰還の分圧抵抗15 kΩに100 pFを並列に追加し，入力バイパス・コンデンサをセラミック・コンデンサに交換したところ，無負荷時の入力電流は9 mAまで低下しました．また，出力の上下の揺れもなくなり安心して使えるようになりました．

電源の品質に敏感な回路であればすぐにトラブルとして顕在化しますが，ディジタル化された論理デバイスは一見問題がないように動作してしまいます．

これは設計上問題がない訳ではなく，エラーの確率が気づかない程度に低いだけかもしれないのです．

性能が保証されていない領域で部品やモジュールを使うときは，その実力をよく見極めておくことが信頼性の高い設計につながるポイントです．

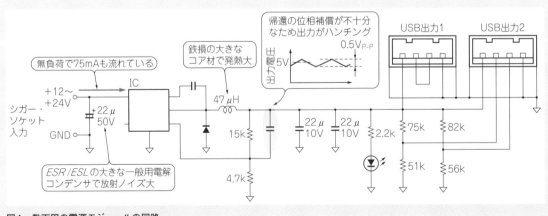

図A　数百円の電源モジュールの回路
まともな回路に見えるが，部品選択や定数設定がよくない

すが，基板の部品配置やプリント・パターン設計によっても，それら以上の性能差が出ることを設計者は認識しておく必要があります．

一発でトラブルなく回路の性能を引き出すには，部品自体の選択とともに基板の部品配置とプリント・パターン設計を上手に行うことがポイントです．

第24章

パスコンも劇的スッキリ！基板の電源プレーン設計

渡辺 裕之 Hiroyuki Watanabe

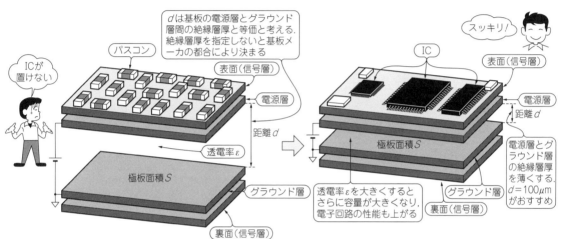

（a）電源層とグラウンド層の距離 d が長い場合　　　　（b）電源層とグラウンド層の距離 d が短い場合

図1　多層基板の内層にある電源とグラウンド（GND）のベタのプリント・パターンを平行平板コンデンサと考える
基板の絶縁層厚 d（極板距離）を薄くして，基板の材料（誘電率）ε を大きくすると電源インピーダンスが下がり，電子回路の基準電圧が安定する．ここでは GND のゆれがないと想定している．電源層と GND 層間の適切な厚みや材料選びは，薄型／コンパクト／高性能基板を作るための成功のカギとなる

本章では，10 M～2 GHz の多層基板の電源を安定化するための電源層とグラウンド（GND）層間の絶縁層厚や材料選びの技について紹介します．

パスコン（バイパス・コンデンサ）は，電子回路の基準になる電源電圧を安定化するために IC の電源端子の近くに置くことが定石になっていますが，基板の層構造を変えるとパスコンをなくせます．

平行平板コンデンサの静電容量の求め方を次式に示します．

$$C = \varepsilon \frac{S}{d} \cdots\cdots\cdots\cdots\cdots\cdots\cdots (1)$$

ただし，S：極板面積 [m²]，d：極板間距離 [m]，ε：誘電率

この式がキー・ポイントです．図1 に示したとおり，基板を平行平板コンデンサとして考え，極板の距離 d（絶縁層厚）を薄くし，誘電率 ε を大きくすると，静電容量が大きくなり，数十 MHz 超の高周波用パスコンがいらなくなります．ここでは，グラウンドのゆれがなく安定していると想定しています．

本章では実験基板を製作し，絶縁層厚や誘電率を変更することによって，基板の電源インピーダンスが下がり，パスコンを取り去ることができることをシミュレーションと実機実験で示しています．

図2 は市販の3次元電磁界シミュレータ SIwave（Ansys）で電源インピーダンスを調べているところです．

理論上は，絶縁層厚が 1/10 になると，雑音は 20 dB 良くなります．誘電率を2倍以上大きくすると，さらにクリーンな電源が作れます．薄型／コンパクト／高性能な基板作りには，電源層と GND 層間の適切な厚みや材料選びは欠かせません．

基板は基盤なのに揺れやすい

技① 電源インピーダンスを下げると共振が抑えられて電位が安定する

形あるものはすべてその物体固有の周波数で振動し

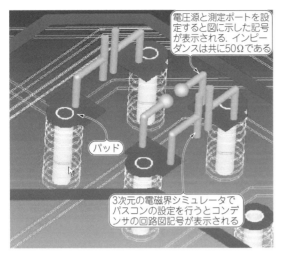

電圧源と測定ポートを設定すると図に示した記号が表示される. インピーダンスは共に50Ωである

パッド

3次元の電磁界シミュレータでパスコンの設定を行うとコンデンサの回路図記号が表示される

図2 市販の3次元電磁界シミュレータで電源インピーダンスの周波数特性を測定するところ
実機の基板の電源インピーダンスは, 電源とGNDのパッドにプローブを接続してネットワーク・アナライザで測定する. パッドもインピーダンスを持つため, シミュレーションと実測の比較を行うときは慎重に検討する

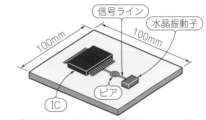

信号ライン
水晶振動子
100mm
100mm
IC
ピア

（a）ICと水晶振動子が実装された多層基板の表面の例

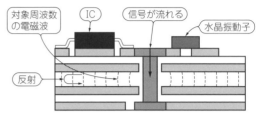

対象周波数の電磁波
IC
信号が流れる
水晶振動子
反射

（b）ピアに信号が流れると対象周波数の電磁波は, プリント・パターンの端面から反射し, 内部で多重反射を繰り返す

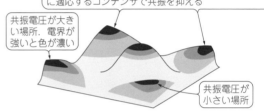

共振電圧の大きさは場所によって異なる. 共振周波数に適応するコンデンサで共振を抑える

共振電圧が大きい場所. 電界が強いと色が濃い

共振電圧が小さい場所

（c）共振現象の発生（内層のベタのプリント・パターン）

図3 特定の周波数をもつ信号が流れるとベタのプリント・パターンに共振現象が発生する
共振の大きさ（定在波）は基板の場所によって異なる. 通常は各部の共振周波数でインピーダンスが最小となるバイパス・コンデンサ（パスコン）を配置することで共振電圧を抑える

ます. 外部から物体に固有振動周波数と同じエネルギーを供給し続けると振動が持続します. これが共振と言う現象です.

図3に示したとおり, ディジタルICのクロックや水晶振動子のような特定の周波数の信号が流れると, ベタのプリント・パターンでも共振が発生します.

共振すると電源やGNDの基準電位が変動し, 電子回路が不安定になります. 実際の基板で電源インピーダンス周波数特性を測定すると, 特定の周波数で共振していることがわかります. 電源インピーダンスを下げると, 共振を抑えることができ, 電源などの基準電位の変動もおさまります.

技② 共振時のインピーダンスがボトム・ピークになるコンデンサを配置する

ただし, コンデンサだけで電源インピーダンスを下げるには, 限界があります. コンデンサには, リードや電極などの寄生インダクタンス成分があります. 数百MHz以上の周波数では, 基板のインダクタンス成分だけでなく, この寄生成分の影響も受けるため, 基準電位が乱れ, データ転送エラーが発生し, 十分な効果が得られないこともあります.

技③ プリント・パターンを平行平板コンデンサとして考える

基板の共振や電源インピーダンスを考えるとき, 前述した平行平板コンデンサの式(1)を適用できます.

たとえば, 式(1)の d が1/10になると, C の値は10倍になります.

容量のインピーダンス Z は次式で求まります.

$$Z = \frac{1}{j\omega C} \quad\cdots\cdots\cdots\cdots\cdots\cdots\cdots (2)$$

C 値はインピーダンスに逆比例します. C 値が10倍になるとインピーダンスは1/10になります.

電圧がインピーダンスに比例すると仮定すると, 電源ノイズは20 dB低下します.

電子回路は平行平板コンデンサ上で動作しているため, 基板は動作の安定化を左右する部品といえます.

実験準備

● 基板のレイアウト

絶縁層厚や誘電率を変更することによって, 基板の電源インピーダンスが下がり, パスコンを省略できるかどうかをシミュレーションと実機で検証します.

図4に実機検証に利用するDDR（Double Data Rate）基板のレイアウトを示します. 外形は280 × 250 mmで, 10層構成です.

図4 実験基板のレイアウト（DDRデザイン）…10層基板なので信号配線は複雑に入り組んでいる
実際に部品が実装された状態で電源インピーダンスを調べる．インピーダンス調整パターンはアドレス・ラインを表層に，それ以外の信号線は内層に配置する．輻射がアドレス・ラインから放射するように構成する

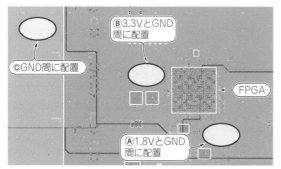

図5 実験基板の部品面の測定点Ⓐ〜Ⓒ
共振の変化量の差が大きく，データの比較がしやすい箇所を選んだ

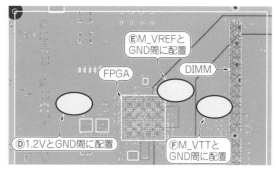

図6 実験基板のはんだ面の測定点Ⓓ〜Ⓕ

● パスコンの配置

パスコンは，**図5**に示す部品面に3カ所（Ⓐ〜Ⓒ），**図6**に示すはんだ面に3箇所（Ⓓ〜Ⓕ）配置しました．

測定点は共振の変化量の差が大きく，データの比較がしやすい箇所を選択しています．**図4**に示す基板サイズの大きさから固有振動する周波数が基板面積内のどの部分に分布するかを，経験則，またはシミュレーションによって確認したうえで決めます．

合計6カ所にSパラメータの特性が開示されている0.1 µFのコンデンサを配置しています．

● 基板の層構成

図7に基板の層構成を示します．点線で囲った2箇所が電源層です．電源層は，材料FR-4，誘電率4.4，厚さ100 µmを設定しています．

図7に示す層構成において「Sig」は1番下のSig以外すべてインピーダンス調整層です．

UNNAMED_1，UNNAMED_21は部品面，はんだ面の両方の表面にコーティングされる絶縁塗料の厚さと誘電率を想定しています．

最終的な基板の厚さは，UNNAMED_11を利用して調整します．

表1 主な基板材質と誘電率
誘電率は基板メーカや絶縁材の厚みによって値が異なる．必要なときは基板メーカに確認する

材料	NEMA記号	JIS記号	比誘電率（代表値）
紙フェノール	X(XX)P，XPC	PP	4.6/1 MHz
紙エポキシ	FR-3	PE	4.1/1 MHz
ガラス布エポキシ	G-10，FR-4	GE	4.4/1 MHz
コンポジット（紙）	CEM-1	CPE	4.6/1 MHz
コンポジット（不織紙）	CEM-3	CGE	4.7/1 MHz

表1に基板の主な材質の比誘電率を示します．

材料はガラス布エポキシ材が一般的です．基板の材質については，1 GHzを超えない基板であれば，FR-4を使用します．FR-4は使用頻度も高いので入手性がよいです．

もう1ランク特性と値段を下げるのであれば，コンポジット材をおすすめします．

このような層構成の設定は，基板メーカが所有する銅はく，絶縁材の誘電率を聞いてから設定したほうがよいです．条件提示しても基板メーカが材料の在庫を保有していないときには，作ることができなかったり，価格が高くなったりします．必要に応じて基板メーカ

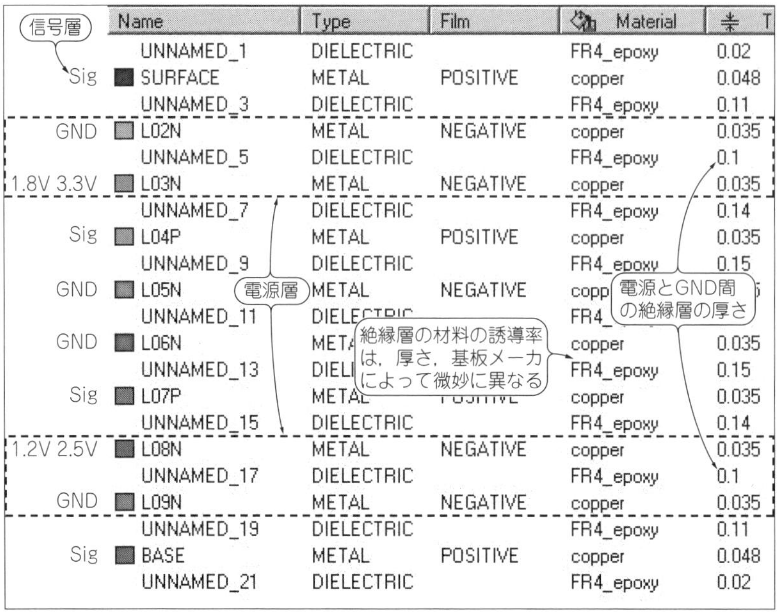

信号層	Name	Type	Film	⬚ Material	⬚ T
	UNNAMED_1	DIELECTRIC		FR4_epoxy	0.02
Sig	■ SURFACE	METAL	POSITIVE	copper	0.048
	UNNAMED_3	DIELECTRIC		FR4_epoxy	0.11
GND	■ L02N	METAL	NEGATIVE	copper	0.035
	UNNAMED_5	DIELECTRIC		FR4_epoxy	0.1
1.8V 3.3V	■ L03N	METAL	NEGATIVE	copper	0.035
	UNNAMED_7	DIELECTRIC		FR4_epoxy	0.14
Sig	■ L04P	METAL	POSITIVE	copper	0.035
	UNNAMED_9	DIELECTRIC		FR4_epoxy	0.15
GND	■ L05N 電源層	METAL	NEGATIVE	copper	
	UNNAMED_11	DIELECTRIC		FR4_	
GND	■ L06N	METAL		copper	0.035
	UNNAMED_13	DIELECTRIC		FR4_epoxy	0.15
Sig	■ L07P	METAL	POSITIVE	copper	0.035
	UNNAMED_15	DIELECTRIC		FR4_epoxy	0.14
1.2V 2.5V	■ L08N	METAL	NEGATIVE	copper	0.035
	UNNAMED_17	DIELECTRIC		FR4_epoxy	0.1
GND	■ L09N	METAL	NEGATIVE	copper	0.035
	UNNAMED_19	DIELECTRIC		FR4_epoxy	0.11
Sig	■ BASE	METAL	POSITIVE	copper	0.048
	UNNAMED_21	DIELECTRIC		FR4_epoxy	0.02

（吹き出し）電源とGND周の絶縁層の厚さ
（吹き出し）絶縁層の材料の誘導率は，厚さ，基板メーカによって微妙に異なる

図7 実験基板の層構成（10層構造）…電源層の配置と構造で電子回路の安定性の良し悪しが決まる
層構成は基板メーカが所有する銅はく，絶縁材料の在庫を聞いた後，設定する．絶縁材の厚さにおける誘電率も確認したほうがよい

に問い合わせるとよいでしょう．

● パッド構造とポート配置

前述した図2は測定する箇所のパッドとプリント・パターンの構造です．パッドはパスコンをマウントするパッドとテスト・パッド2対で1組になっています．

シミュレーションでは，計測パッドとして電圧源とポート（プローブ）を最上層に配置します．シミュレーション・ソフトウェアにインポートできるCAD環境から基板のレイアウト・データを抽出します．電磁界シミュレータはSIwave（ANSYS）を使用しました．シミュレーション環境は，実測環境に合わせてセッティングしています．

実測では，パッドにプローブを当てて，ネットワーク・アナライザで測定します．

層構成を変更して
電源インピーダンス測定

● 実験① 絶縁層厚100 μm，誘電率4.4

材質FR-4，誘電率4.4，電源とGNDの絶縁層厚100 μmで実験します．図8に図5と図6のⒶ～Ⓔの実測とシミュレーション結果を示します．

着目ポイントは，シミュレーション，実測におけるS_{11}特性のピーク周波数です．両方とも，ほぼ同じ周波数でピークが現れています．

今回の測定で使っているS_{11}とは，インピーダンス・マッチング時の反射特性です．数十MHz超の高周波回路では，電力供給の最大条件，つまりインピーダンス・マッチングされた状態で計測します．終端電圧は1/2 V，開放状態で1 V，短絡状態で0 Vです．周波数ごとに反射する電圧を計測し，ある周波数で反射電圧に変化があれば，インピーダンス・マッチングが変化しています．

この理論を利用して，S_{11}（反射特性）を10 M～1 GHzの範囲でネットワーク・アナライザで実際に測定します．電磁界シミュレータを使って計算させます．

次式を使うとS_{11}パラメータをZ_{11}パラメータに変換することができます．

$$Z_{11} = \frac{\{(1 + S_{11})(1 - S_{22}) + S_{12}S_{21}\}}{\{(1 - S_{11})(1 - S_{22}) - S_{12}S_{21}\}} \cdots\cdots (3)$$

S_{11}パラメータでインピーダンス・マッチングの変化を定量的に計測します．S_{11}をZパラメータに変換するとインピーダンスという一般的に見慣れたパラメータになります．

S_{11}をZ_{11}に変換した特性を図9に示します．S_{11}のピーク特性をZ_{11}に変換すると，共振点と反共振点の特性が現れます．

● 実験② 絶縁層厚は同じで誘電率を約2倍にする

絶縁層厚100 μm，材質BC24，誘電率8に変更したときのZ_{11}の実験結果を図10に示します．Z_{11}特性は，シミュレーション，実測共にほぼ同じ周波数でピークが現れています．

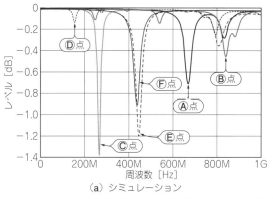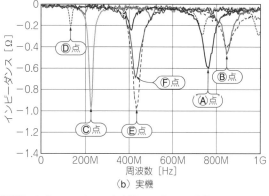

図8 電源-GND間の絶縁層厚100 μm, 誘電率4.4での実験基板の反射特性…シミュレーションと実機でのピーク周波数はほぼ同じである
実機はネットワーク・アナライザで測定した

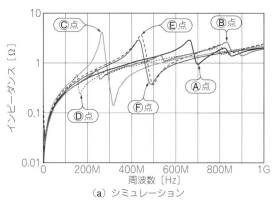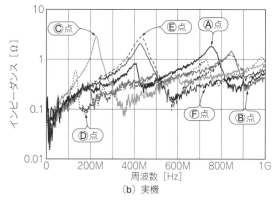

図9 電源-GND間の絶縁層厚100 μm, 誘電率4.4での実験基板のインピーダンス(Z_{11})周波数特性…図8と同じ傾向になる
SパラメータをZパラメータに変換すると, 電源インピーダンスの周波数特性を確認できる

技④ 誘電率が高くなると基板容量が増加するため共振を小さくできる

着目ポイントは, 誘電率が変化したことによるZ_{11}特性のピークのふるまいです. 誘電率が約2倍になることで, Z_{11}のピーク値が半分以下と小さくなる傾向を確認できます.

これらの結果から, 基板が平行平板コンデンサの役割を果たしていることがわかります. 前述した式(1)が成立するならば, 分母dを変数としたとき, 効果はさらに大きくなります.

● 実験③ 絶縁層厚み1/10, 誘電率を10に変更

絶縁層厚10 μm, 誘電率10の基板で実験してみます. 材質はBC8Tmを使用しました.

図11に示したとおり, Z_{11}特性はシミュレーション, 実測共にピークがほとんど現れないため, 電源インピーダンスが低くなり, 共振点もなくなっていることがわかります.

これらの結果から基板は平行平板コンデンサとして

の考えかたが成立します. 基板の共振, インピーダンスを考えるうえで, 式(1)は, 基板設計において重要な意味をもつことがわかります.

● 考察
▶高周波用のパスコンが不要になる

技⑤ 電源とGND間に挟む絶縁層厚を薄くするとパスコンは不要になる

ここで定義しているパスコンとは, 基板の固有振動より発生する共振を抑制する目的の高周波用のコンデンサです.

数MHz以下の低周波域のインピーダンスは, 電解コンデンサで下げます. これはICの電源とGND間に接続される発振防止用の数μ〜数十μFのコンデンサで代用できます.

実現にあたっては, 絶縁層厚が10 μmで高誘電率の材料を使用することが条件になります. 材料自体が特殊になるので, 一般的な基板では価格面, 入手が難しいです. しかし, 性能重視ならば, 材料自体は存在

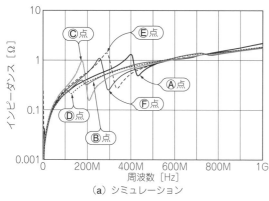

（a）シミュレーション

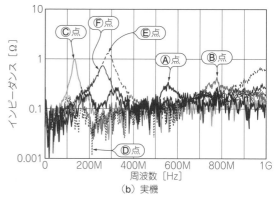

（b）実機

図10　電源-GND間の絶縁層厚100 μm，誘電率8での実験基板のZ_{11}周波数特性…誘電率が2倍になると図9に比べ電源インピーダンスのピーク値が下がる

誘電率が高くなると基板容量が増加するため共振を小さくできる．誘電率を高くして容量が増加する方向へ特性を変化させたので，基板のインダクタンス成分が一定と仮定すると，共振周波数も低くなる

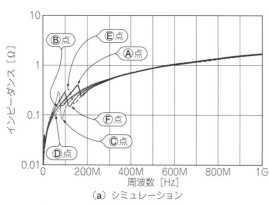

（a）シミュレーション

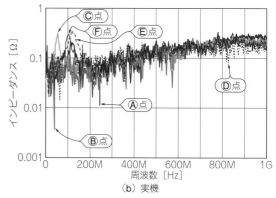

（b）実機

図11　電源-GND間の絶縁層厚10 μm，誘電率10での実験基板のZ_{11}周波数特性…厚みが1/10になると図10に比べて電源インピーダンスのピーク値が下がる

価格を無視して性能を突き詰めると多層基板の電源インピーダンスが下がり，高周波用のパスコンが不要になる

するため，架空の空論ではありません．

▶基板のインダクタンス成分の影響は絶縁層厚と誘電率だけでは抑えられない

　図9～図11に示したZ_{11}のシミュレーション結果から500 MHzを超えると，インピーダンスが1 Ω以下になりません．テスト・ランドや部品をマウントするパッドにインダクタンス成分のインピーダンスの影響が現れるため，この現象が発生します．

　基板の電源インピーダンスは特定周波数以上になると現状の構造では，インピーダンスを低くすることができないので，特殊な構造を検討する必要があります．

▶実測はプローブの入力容量やリード線の影響を受けるため誤差が発生する

　実測に関しては，ネットワーク・アナライザとプローブの校正作業が難しいです．交流的（周波数のピーク値）には，かなり相関がありますが，全体レベルで見ると1 dec程度異なる場合があります．

　原因は，測定器のインピーダンス50 Ωに対して，測定した値がその1/10～1/100であるためと推測され

ます．この値には誤差なども含まれます．

＊　　　　＊　　　　＊

　基板の共振点はかなりよい精度で実測と一致しました．一昔前の基板の共振対策は，パスコンのカット＆トライの繰り返しで判断していました．これは非常に時間のかかる作業でした．シミュレーションをうまく運用すると，基板を試作する前に問題が少ない，高品質なレイアウトがつくれます．

　高性能なプリント基板を外注するときには，基板メーカの製造管理環境，使用在庫材料，材質の誘電率などをあらかじめ確認しておき，層構成に関して十分な打ち合わせを行ってください．

　電源インピーダンスを下げ，パスコンを基板の共振点の位置に最低限配置するという考えかたは，どの基板にも適用できます．周波数にかかわらず，層構成や電源インピーダンスを考慮したレイアウト・デザインは回路の安定動作につながります．

◆参考文献◆

(1) ファインテック，http://www.finetech-e.com/

第25章

電源ラインで特に重要な幅線パターン幅の設計

志田 晟 Akira Shida

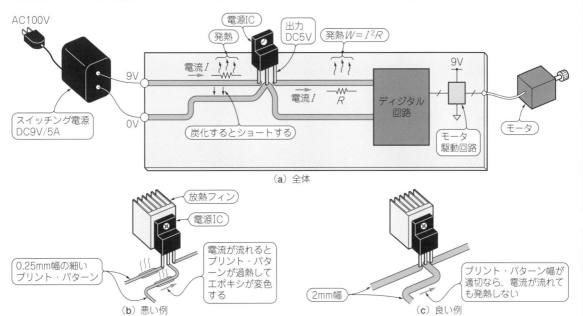

（a）全体

（b）悪い例

（c）良い例

図1 モータ駆動基板のプリント・パターン例
基板を作るときは，プリント・パターン幅と許容電流を考える．プリント・パターンの発熱による温度上昇は10℃内に抑える．スイッチング電源側のプリント・パターンはエポキシ材の炭化などでショートが起きると電源の最大電流まで流れるので慎重に検討する

　プリント・パターンは，回路図どおりに配線するだけでは不十分です．パターンを流れる電流の大きさに合わせて描く必要があります．

　0.5 A以上の電流が流れるプリント・パターンを作るときは許容電流と発熱の影響も考えます．**図1**にモータ駆動基板の例を示します．プリント・パターン幅が狭いと，パターンの抵抗が大きくなり，電流Iによる発熱（$W = I^2R$）が無視できなくなります．**図1**の電源ICの入力側は，容量の大きいスイッチング電源につながっています．基板の絶縁が悪化すると，この電源容量までの大電流が基板に流れます．

　プリント・パターンよる発熱が周囲温度より10℃以内になるように作るのが1つの目安です．

プリント・パターン幅の目安と計算式

技① プリント・パターンを描く前にパターン幅の目安を把握しておく

　図2にプリント基板CAD KiCadのデザイン・ルール設定画面を示します．

　インチまたはmmの設定によって値が異なります．とくにインチ系の指定がない場合は，プリント・パターン設計はmm系設定のほうがわかりやすいです．

▶ディジタル信号線

　図2のDefault行は，ディジタル信号線の配線ルールです．配線幅を0.25 mm幅に設定しています．これで2.54 mmピッチのICのピン間に1本の配線を通せます．**表1**にディジタル配線の基本的な設定を示します．

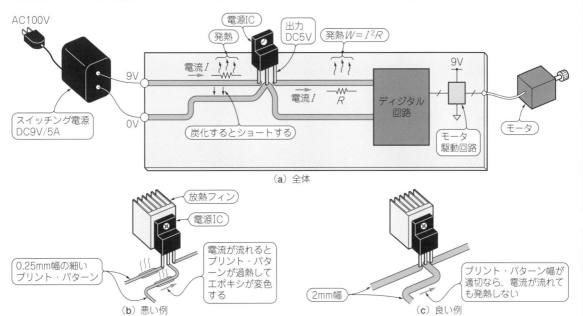

151

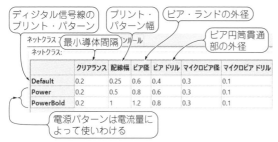

図2 デザイン・ルール設定の画面(基板CAD KiCad)
配線幅のDefaultはディジタル信号用の設定.電源ラインは2種類のネット・クラスを作成している.KiCadでは,回路図の作図はインチ設定とする.標準の回路品シンボル(のピン位置)がインチ系で作られているので,インチを選択しないと配線がうまくつながらない

ピン間に2本配線を通すときは,ICピンの狭いフット・プリントを選択したうえで,プリント・パターン幅を0.2 mmにします.

▶電源/GND

電源パターン,GNDパターンは1 A程度までであれば通常,1 mm幅とします.1 mm幅では,基板面積に余裕がなくプリント・パターンを描けない場合,どのように対処すればよいかは後述します.

技② 計算ツールを利用すると許容電流計算が簡単

許容電流を求める計算式として,よく知られているのがIPC-2221Aという規格に示されている式です[1].

$$I = kdT^{0.44}(HW)^{0.725} \quad\cdots\cdots\cdots\cdots\cdots (1)$$

ここで,I:許容電流 [A],k:内層と外層のパラメータ(内層:0.024,外層:0.048),dT:温度上昇 [℃],H:プリント・パターン厚み [mil],W:プリント・パターン幅 [mil]

図3にプリント・パターン幅,厚み,電流量の設計指針を示します.グラフからプリント・パターン幅を求めるよりも数値を入力して計算できるツールを使っ

表1 ディジタル信号配線の基本的な設定

ピン間に通せる配線数	配線幅 [mm]	クリアランス [mm]	備考
1本	0.25 〜 0.3	0.2 〜 0.3	2.54 mm ピッチのDIP ICのピン間に1本
2本	0.2	0.2	ビア・ランドは狭いタイプを選択する

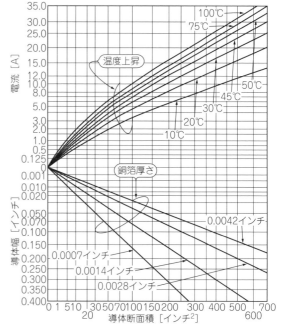

図3 IPC-2221Aのパターン幅と電流による温度上昇算出用グラフ[3]
下のグラフの縦軸が導体幅(インチ)で幅を決めたら水平に進んで銅箔厚さ(インチ)との交点を見つける.その交点から上にたどり温度上昇10℃のカーブとの交点を見つける.その交点の縦軸が許容電流

たほうが効率的です.筆者はKiCadに付属しているツールPcb Calculatorは「配線幅」の計算に式(1)を利用しています.図4にKiCadに付属しているPcb

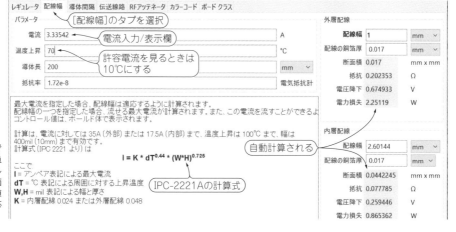

図4 計算ツールが利用できると許容電流計算は簡単
KiCadに付属しているツールPcb Calculatorの画面.画面内の数値を変更すると他の値がIPC-2221Aの計算式に応じて変化する

表2 プリント・パターンに流す電流と温度上昇が10℃になるパターン幅

電流 [A]	厚み [μm]	内層 [mm]	外層 [mm]
0.5	18	0.58	0.22
	35	0.3	0.11
	70	0.15	0.06
1	18	1.5	0.58
	35	0.8	0.3
	70	0.4	0.15
2	18	4	1.5
	35	2	0.8
	70	1	0.4
5	18	14	5.4
	35	7.2	2.8
	70	3.6	1.4

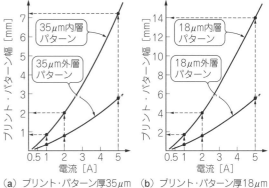

(a) プリント・パターン厚35μm　　(b) プリント・パターン厚18μm

図5 電流から推奨パターン幅を求める
表2をグラフ化した. 初めにx軸の電流を決め, そこから上にたどって外層パターンまたは内層パターンのカーブとの交点を見つける. 交点のy軸のパターン幅を確認する

Calculatorの配線幅画面を示します.

▶プリント・パターン幅の決定

表2に, 式(1)を基にして電流が決まっているときに, パターン幅をどのくらいにしたらよいかをまとめました. 図5に表2をグラフ化した結果を示します. 図5(a)はプリント・パターン厚が35 μm, 図5(b)は18 μmのグラフで, 横軸は電流値です. 例えば, 図5(a)で2 Aを上にたどって35 μm外層パターンの曲線と交わる点まで進み, そこで縦軸のパターン幅の値を見ると2 mmとなっています. これより35 μm厚の外層パターンで, 2 Aを流す場合, プリント・パターン幅を2 mmにすると温度上昇が10℃内に抑えられるということがわかります.

プリント・パターンが発熱して60℃の温度が長い時間基板絶縁材(通常ガラス・エポキシ)に加わると, 絶縁材が変質し, 絶縁性能が劣化します. 80℃を超える温度が続くと炭化が起こり, 絶縁度が悪化して過大電流が流れ, 火災事故につながることもあるので, 本データなどを基にプリント・パターン幅を決定します.

ビア径と許容電流

技③ ビア・サイズから電流による温度上昇や許容電流を見積もっておく

図6に示すビアも発熱を防ぐため, 許容電流を考える必要があります. 表3は表2と同様に式(1)を基に厚み15 μmとして計算しています.

図6(b)にビアの断面を示します. ドリル径で設定した値は, 円筒金属柱の外径となります. パターン厚はこの円筒の壁の厚みに相当します.

ビア部分の抵抗は, 金属円筒部分の外径と金属壁の厚み, 長さから計算できます. その抵抗からビアに流れる電流による発熱量を計算できます.

表3 ビア径と許容電流

ビア径 [mm]	ビア導体幅 [mm]	許容電流 [A]
0.3	0.94	0.6
0.4	1.26	0.7
0.5	1.57	0.9
0.6	1.88	1
0.8	2.51	1.2
1	3.14	1.5

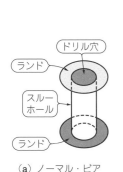

(a) ノーマル・ピア

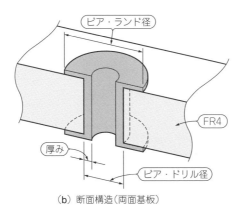

(b) 断面構造(両面基板)

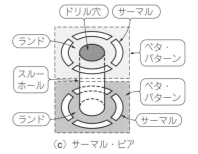

(c) サーマル・ピア

図6 ビアの構造
ドリル穴の内側は銅めっきされ, 上下のランド間を接続する. サーマル・ビアはベタ層との間の熱抵抗を増やし, はんだの付きを良くする

寄生成分

グラウンド

アナログ回路

高速ディジタル

電源回路

プリント・パターンの場合と同じように，ビア・サイズから電流による温度上昇を見積もったほうが実用的です．ここでは，ビア部分の金属厚みと円筒の円周方向のサイズを式(1)にあてはめて，ビア径とそこを通る電流の許容値（温度上昇10℃）を求めています．

技④ サーマル・ビアはベタ層との熱抵抗を増やしはんだの付きをよくする

図6(c)でサーマルと示されている部分は，ビアのランドとベタ面との間をつないでいるプリント・パターンで，ビアと一体化されています．これは，サーマル・ビアと呼ばれます．

ビアがベタ層につながり，リード線を通してはんだづけしようとすると，ベタ層の熱容量が大きいため，はんだが溶けにくくなり，はんだ不良になることがあります．サーマル・ビアを利用して細いパターンでつなぐようにすると，ベタ部分とビア間の熱的な抵抗が増え，はんだが溶けやすくなります．

技⑤ ビアを複数並べることで電流容量を増やす

表4に，表3のデータを基にビアの径（ドリル径）をφ0.3 mm，φ0.8 mm，φ1 mmに限定した場合の許容電流を示します．

表4 ビアの種類をφ0.3 mm，φ0.8 mm，φ1 mmに限定した場合の許容電流
ビア部のメタル厚15 μm，温度上昇10℃

最大電流[A]	φ0.3 mmのビアの数	φ0.8 mmのビアの数	φ1 mmのビアの数
≦0.3	1	–	–
0.5	2	1	1
1	4	1～2	1
2	–	2	2
5	–	5～6	4

図7はプリント・パターンに流す電流に対して推奨されるビア数をプロットしています．1 Aではφ1 mmのビア1個，5 Aではφ1 mmのビア4個と読み取れます．電流1 Aではφ0.8 mmのビアが1～2個になります．基板の面積に余裕があるときは2個にします．

細いパターンでは，図8に示したとおり，縦に並べることができます．プリント・パターン幅が取れるときは図9のように並べるとよいでしょう．

実 例

技⑥ マイコンなどのディジタル信号のパターンは通常0.25～0.30 mm幅に

図10にマイコンのI/Oなどに利用されるディジタル信号のプリント・パターンの例を示します．

図11にコンピュータ・ボード「ラズベリー・パイ」の拡張基板のGPIOコネクタ部分の例を示します．電源ピン以外につながる配線は，ディジタル信号なので細いプリント・パターンにします．ディジタル信号のプリント・パターンは，通常0.25～0.30 mm幅を使います．隣接したピン間に信号パターンを通すには，細くします．ピン間を通せるようにしないと，プリント・パターンを描けなくなるためです．ピン間部分だけ線を細くするのは手間がかかるため，ディジタル信号の配線は，初めから細い設定にします．ピン間に2本通す必要がある場合は，さらに細く設定します．

技⑦ ディジタル信号のパターンに流れる電流はわずかで発熱は無視できる

LVCMOSなど通常のロジック回路では，負荷側はMΩオーダとハイ・インピーダンスなので，信号線路にはスイッチング切り替え時以外ほとんど電流が流れません．このため，プリント・パターンによる発熱を考える必要がありません．PECLなどの電流ロジックでは，信号線路に電流を流しますが，4 mA程度と電

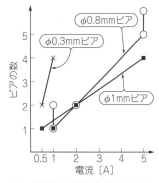

図7 電流から推奨ビア数を求める
表4をグラフ化した．電流を決めて上にたどり各ビア径のカーブとの交点を見つける．交点を確認してビアの数を求める

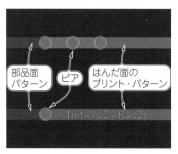

図8 ビアを複数並べることで電流容量を増やす
プリント・パターン幅とビア径が近い場合，ビアの電流容量を増やす方法の例

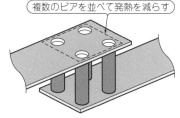

図9 複数のビアで許容電流容量を増やす
1つのビアでは発熱が大きすぎる場合，複数個のビアを並べて発熱を減らす．エポキシ部分は示していない

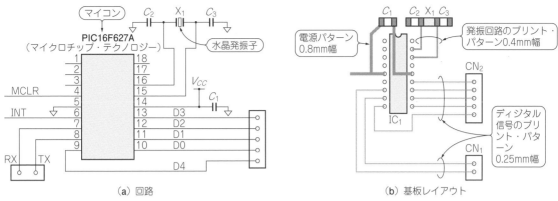

図10 マイコン回路の信号パターンを描くときは電流の大きさを考慮する必要がない
ディジタル回路の信号線はレベル変化時以外はほとんど電流が流れずプリント・パターンは発熱しない．細いパターンでよい

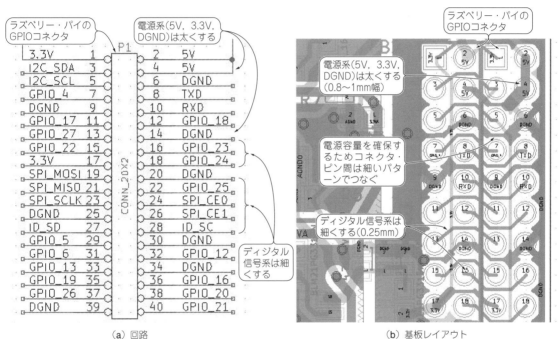

図11 ラズベリー・パイのGPIOコネクタ部のロジック信号パターン例
3.3 V/5 V電源，DGNDはプリント・パターンを太くする．それ以外はディジタル信号線なので細いプリント・パターンで配線する

流が少ないです．線路抵抗が0.1 Ωあっても，発熱電力が1.6 mW(= 0.1 × 4²)と非常に少なく，線路による発熱は無視できます．

技⑧ 配線の最小幅は電流でなくエッチングで決められる

発熱が問題ない場合でも，次のような理由からある程度のパターン幅を確保しておいたほうがよいです．
プリント基板のパターンはエッチング液につけることで化学的に銅を溶かして作成します．
図12にエッチングのようすを示します．プリント・パターンとして銅を残したい部分にエッチング液が触

れないようにマスクを用います．
しかし，エッチング液の温度や濃度などの条件または，プリント・パターンの混み具合などによってエッチングが過剰に働く場合があります．その場合は側面から銅が侵食され，マスク幅より線路幅が細くなることがあります．線路が細いとプリント・パターンが消えてしまうことも起こります．
低価格，短納期で基板を製造してくれるメーカでは多くの基板データを並べて1回のエッチングでパターンを作成するということが行われ，基板ごとに細かな条件設定が行われないようです．このため0.1 mm幅のプリント・パターンなどでは銅が侵食されて消えて

155

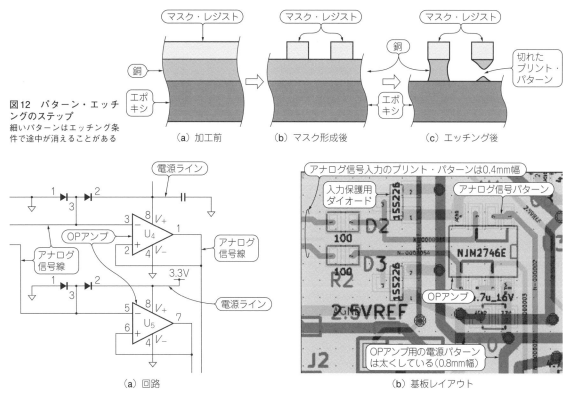

図12　パターン・エッチングのステップ
細いパターンはエッチング条件で途中が消えることがある

（a）加工前　　　（b）マスク形成後　　　（c）エッチング後

（a）回路

（b）基板レイアウト

図13　OPアンプ周りのアナログ信号パターン例
OPアンプの入出力につながる線がアナログ信号線．OPアンプの電源ピンにつながる配線は電源系として太いパターンにする

しまうことが起こりやすくなります．たとえば，基板メーカがエッチング条件を0.1 mmパターンに合わせてコントロールしてくれないときは，0.25～0.3 mmにしておくと問題が少ないです．

　基板メーカによって，最小パターン幅や間隔，最小ビア径などが制限されています．基板メーカの制限を超えるパターン・データを作成しても，製造してもらえません．基板の製造を依頼する基板メーカの条件を初めに確認しておきます．プリント・パターン幅を0.2 mm以下にする場合，基板製造を依頼するメーカの仕様を確認しておいたほうがよいです．1枚数百円の基板では，プリント・パターン幅が保証されず，パターンが断線することがあります．

技⑨ アナログ信号のパターンは0.4～0.5 mm幅でなるべく短く配線する

　アナログ信号は，プリント・パターンに流す電流によって配線幅が異なります．プリント・パターンごとの電流を考えて設定していきます．

　図13は，OPアンプ回路の入出力などの電流が少ないアナログ信号のプリント・パターンの例です．電流が0.1 A以下と少ないとき，ディジタル信号と同じ

0.25～0.3 mmの配線幅でも発熱は問題ありません．

　しかし，プリント・パターンによるインダクタンスが問題となることがあります．0.4～0.5 mm幅程度のプリント・パターンを使い，できるだけ短くなるように配線すると余分な発振などを減らすことができます．

　オーディオのパワー・アンプの出力部などのアナログ回路は電流が多く流れるので，必要に応じてパターンを広くします．

技⑩ 電流が1AまでのGND線のパターンは1.0 mm幅が推奨される

　図14に電源IC周りの電源/GND配線の例を示します．図14に示すDC-DCコンバータの出力では電流が多いため，プリント・パターンによる発熱に留意して配線幅を適切に設定します．

　GND線で電流が1A程度までは1.0 mmが推奨されます．プリント・パターンを通る電流が1Aより大きくなる場合は，温度上昇を計算して配線幅を設定します．基板サイズに余裕がある場合は，電源近くは3 mm幅をめどに太くし，末端部で1 mm幅にすることも考えておくとよいでしょう．

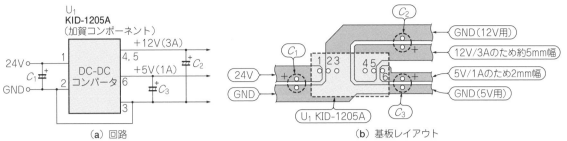

図14 DC-DCコンバータのプリント・パターン例
24 V入力で12 V/3 Aと5 V/1 Aの2出力コンバータの例. プリント・パターンは約5mm幅にしている

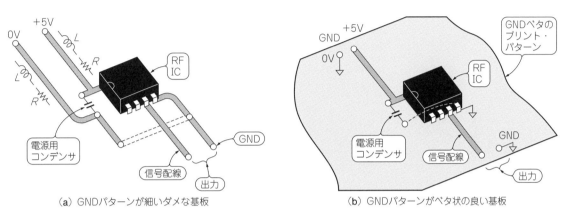

図15 高周波回路の動作はGNDのプリント・パターンをベタ状にすると安定する
幅の狭いGNDパターンには高周波電流の流れを妨げるインダクタンスが寄生している

技⑪ 高い周波数を扱う場合はベタの プリント・パターンを利用する

ディジタル回路の比率が大きい場合やアナログ回路でも数MHz超の高い周波数を扱う場合, GNDをベタのプリント・パターンにすると安定な動作が期待できます. 図15にGNDにベタ層を使った場合と使わなかった場合のプリント・パターン例を示します. RF基板のようにあまり実装密度が高くない場合は, 両面基板の裏面をGNDベタのプリント・パターンとします.

ディジタル回路は多層基板を利用して信号パターンのすぐ内側の内層をベタのプリント・パターンにすると, 回路動作が安定します. 電源も内層を使うことで電源配線の対GNDインピーダンスを下げることがで

きます. 高い周波数の信号を扱うほど, 電源のインピーダンスを下げる必要があります.

数十MHz以上の信号を扱う基板を内層のベタ・パターンを使わずに両面基板で設計すると安定に動作させるために, いろいろな工夫が必要になります.

◆参考・引用*文献◆
(1) IPC : IPC - 2221A Generic Standard on Printed Board Design, 2003.
(2) Brooks, Douglas G. ; Pcb Trace and Via Currents and Temperatures, The Complete Analysis, 2016.
(3)* トランジスタ技術SPECIAL編集部；プリント基板作りの基礎と実例集, トランジスタ技術SPECIAL forフレッシャーズ, CQ出版社.

寄生成分

グラウンド

アナログ回路

高速ディジタル

電源回路

初出一覧

本書の下記の章項は,「トランジスタ技術」誌に掲載された記事を元に再編集したものです.

〈著者一覧〉五十音順

石井 聡

加東 宗

志田 晟

善養寺 薫

高橋 成正

西村 芳一

藤田 雄司

山田 一夫

渡辺 裕之

プリント基板設計 実用テクニック集

編 集	トランジスタ技術SPECIAL編集部	2022年2月1日発行
発行人	小澤 拓治	©CQ出版株式会社 2022
発行所	CQ出版株式会社	（無断転載を禁じます）
	〒112-8619 東京都文京区千石4-29-14	
電 話	販売 03-5395-2141	定価は裏表紙に表示してあります
	広告 03-5395-2132	乱丁，落丁本はお取り替えします

編集担当者 島田 義人／上村 剛士
DTP・印刷・製本 三晃印刷株式会社
Printed in Japan